Bibliografische Information der Deutschen Nationalbibliothek:

Die Deutsche Bibliothek verzeichnet diese Publikation in der Deutschen National-
bibliografie; detaillierte bibliografische Daten sind im Internet über http://dnb.d-
nb.de/ abrufbar.

Impressum:

Copyright © 2016 GRIN Verlag, Open Publishing GmbH
Druck und Bindung: Books on Demand GmbH, Norderstedt Germany
ISBN: 9783668477094

Dieses Buch bei GRIN:

http://www.grin.com/de/e-book/370887/analyse-des-bierschaumzerfalls-physikalische-
und-chemische-einflussfaktoren

Matthias Lukosch

Aus der Reihe: e-fellows.net stipendiaten-wissen

e-fellows.net (Hrsg.)

Band 2438

Analyse des Bierschaumzerfalls. Physikalische und chemische Einflussfaktoren

GRIN Verlag

Facharbeit

erstellt im Seminarfach „Das Kulturgetränk mit seinen Facetten und Folgen"

zum inhaltlichen Schwerpunkt:

Die Analyse des Bierschaumzerfalls unter besonderer Berücksichtigung möglicher Einflussfaktoren

von

Matthias Lukosch

Inhaltsverzeichnis

1. Einleitung

Zweifelslos ist das Bier seit geraumer Zeit ein Kultgetränk in Deutschland. Es wird zum Essen, als Erfrischung, aber auch auf Feiern serviert und durch seine glorreichen, aber auch sehr vielfältigen Geschmackszüge erfreut es tagtäglich Konsumenten: Der Pro-Kopf-Konsum in Deutschland betrug im Jahr 2014 ganze 107 Liter.[1]

Eine Besonderheit des Bieres ist: die Blume im Glas, die Krone auf dem Bier, klassisch der Bierschaum, der dem Bier eine „verlockende, [und; M.L.] appetitliche Frische"[2] verleiht.

Brauereien unterziehen ihren Bierschaum stets spezifischen Tests,[3] da man von dessen Eigenschaften unter anderem auch auf die Beschaffenheit der Bierzutaten und den Brauprozess rückschließen kann.[4] Ein wichtiges Kriterium für die Qualität des Bieres ist die Schaumstabilität.

Bereits vor hundert Jahren sollen einige Studenten gewusst haben, dass Fette die Erzfeinde des Bierschaumes darstellen. Sie kannten einen einfachen Trick, um die Wirte in der damaligen Zeit ein wenig zu ärgern. Wenn die Studenten das Gefühl hatten, dass der Wirt beim Einschenken an Bier sparen wollte und ihnen extra viel Schaum in ihr Gefäß einschenkte, rieben sie dieses kurz vor dem Nachschenken mit einer Speckschwarte ein. Die Blume sank schnell in sich zusammen. Die Studenten sollen sich durch diesen Trick das eine oder andere Glas Bier zusätzlich erschlichen haben.

Doch was ist Bierschaum unter chemisch, physikalischen Gesichtspunkten eigentlich? Welche Faktoren haben Einfluss auf den Bierschaumzerfall?

Ob diese Anekdote stimmt, ob das Einreiben mit einer Speckschwarte, die Temperatur des ausgeschenkten Bieres und der Alkoholgehalt Einfluss auf den Bierschaumzerfall haben, soll in dieser Facharbeit am Beispiel des Krombacher Pils experimentell überprüft und diskutiert werden.

---

[1] *Steingart, G. et al.*, Deutsche trinken 107 Liter Bier pro Kopf.

[2] *Deutscher Brauer Bund e.V.*, Wie kommt der Schaum aufs Bier?.

[3] vgl. *Potreck, Marco*, Optimierte Messung der Bierschaumstabilität in Abhängigkeit von Milieubedingungen und fluiddynamischen Kennwerten, S.1f.

[4] *vgl. Evans, D. Evan/ Sheehan, Marian C.*, Don't be Fobbed Off: The Substance of Beer Foam – A Review, S.47.

2. Theoretische Grundlage des Bierschaums

2.1. Der Bierschaum

„Bier schäumt nicht vor Wut"[5] dieses Phänomen kann man mit Hilfe naturwissenschaftlicher Erkenntnisse einordnen. Die Beobachtung einer Schaumbildung deutet zumeist auf eine Gasentwicklung hin. Doch welches Gas könnte beim Einschenken eines Bieres in ein Glas entstehen? Um diese Frage beantworten zu können, muss man sich zunächst den Brauprozess eines Bieres anschauen.

Nachdem man durch die Würzekühlung die sogenannte Anstellwürze erhalten hat, geht diese in den Gärprozess über. Nun geht unter dem Einfluss eines Biokatalysators, der Zymase, eine chemische Reaktion vonstatten, die alkoholische Gärung. Der Malzzucker (Maltose) wird in Alkohol (Ethanol) und Kohlenstoffdioxid zerlegt. Dabei entstehen ebenfalls Gärungsnebenprodukte (Diacetyl),[6] welche aber bei weiterer Betrachtung zu vernachlässigen sind. Das als Produkt entstandene Kohlenstoffdioxid reagiert mit Wasser zu Kohlensäure. Diese Reaktion läuft auch rückwärts ab, d.h. aus der Kohlensäure entsteht wieder Wasser und Kohlenstoffdioxid. Ab einem gewissen Zeitpunkt stellt sich in einem geschlossenen System, welches in diesem Falle später meistens eine Flasche oder auch ein Fass darstellt, ein chemisches Gleichgewicht ein. Die Löslichkeit von Kohlenstoffdioxid in Wasser ist bei Überdruck besser als beim normalen Atmosphärendruck.[7] Wenn nun aber dieses geschlossene System aufgehoben wird, zum Beispiel durch das Öffnen der Bierflasche, dann ist damit eine Volumenvergrößerung verbunden, die dazu führt, dass es eine Druckminderung gibt. Dadurch verschiebt sich dann auch das chemische Gleichgewicht wieder, so dass dann die Produkte Wasser und Kohlenstoffdioxid in größerer Anzahl entstehen, sowie die Löslichkeit des CO_2 in dem Medium herabgesetzt ist.

Die Folge: Man kann in großer Anzahl kleine CO_2 - Bläschen beobachten, die sich in einer Aufwärtsbewegung befinden. Diesen Vorgang bezeichnet man als Nukleation, da sich das in Wasser gelöste Kohlenstoffdioxid in einem Übergang von der flüssigen zur gasförmigen Phase befindet.[8]

Des Weiteren gibt es im Bier Proteine und Eiweißabbauprodukte. Diese Moleküle haben einen besonderen strukturellen Aufbau und ähneln in ihren Eigenschaften den Tensiden, denn sie besitzen eine hydrophile und eine hydrophobe Gruppe. Dadurch haben sie eine ganz besondere Eigenschaft, sie sind oberflächenaktiv.[9] Sie richten sich also immer so aus, dass ihre hydrophile Gruppe mit Wasser in Kontakt und ihre hydrophobe eben nicht mit Wasser in Kontakt kommt. Dadurch ordnen sie sich an der Grenzfläche zwischen dem Bier und der Luft, also der Oberfläche des Bieres an. Die Oberflächenspannung des Bieres sinkt, welches die Oberflächenvergrößerung begünstigt. Wenn nun die CO_2- Bläschen die Oberfläche erreichen,

---

[5] *Brant, Peter*, Bier und Brauhaus; Bier schäumt nicht vor Wut, S. 38/39.

[6] vgl. *Meußdoerffer, Franz/ Zarnkow, Martin*, Das Bier – Eine Geschichte von Hopfen und Malz, S.15.

[7] vgl. *Bieker, H.*, Bierstreich: Wie entsteht die Schaumfontäne?.

[8] *Chemie.de*, Lexikon: Definition Nukleation.

[9] vgl. *Potreck, Marco*, Optimierte Messung der Bierschaumstabilität in Abhängigkeit von Milieubedingungen und fluiddynamischen Kennwerten, S. 12.

lagern sich die Proteine kreisförmig um die Bläschen an. Dann zeigt ihre hydrophile Gruppe nach außen und ihre hydrophobe Gruppe nach innen und es entstehen sogenannte Mizellen. Diese reißen daraufhin noch einen Teil der Flüssigkeit mit nach oben. Man kann sich Letzteres dann wie eine kleine Kugel vorstellen, die wie folgt aufgebaut ist: Es gibt einen Innenraum, der durch eine Proteinschicht begrenzt ist, um diese sammelt sich dann die mitgerissene Flüssigkeit, diese bildet die Wand der Schaumblase. Letztere ist ebenfalls durch eine Proteinschicht begrenzt. Die CO_2- Moleküle werden im Innenraum dieser Kugel eingeschlossen und können nicht entweichen.

Die Haltbarkeiten, die Wandstärken und die Größen der einzelnen Schaumblasen werden durch die strukturellen und elektrostatischen Besonderheiten der einzelnen oberflächenaktiven Moleküle bestimmt.[10] Da die Anzahl der aufsteigenden CO_2- Bläschen im Moment des Einschenkens groß ist, kommen sich die entstehenden Schaumblasen äußerst nahe, sodass sie zusammen eine nahezu ebene Fläche in horizontaler sowie vertikaler Komponente bilden.[11] Es hat sich so also ein dreidimensionales Netzwerk der Schaumblasen gebildet, welches schließlich äußerlich wie ein oder mehrere Polyeder aussieht.[12] Diese Struktur fungiert wie eine Art „Gaspolster"[13], sodass das Kohlenstoffdioxid nicht aus dem Bier in die Luft diffundieren kann und die Frische des Bieres, die dem Konsumenten durch einen ausreichenden CO_2- Gehalt im Bier suggeriert wird, auf diese Art auch über einen längeren Zeitraum gewahrt ist.[14]

2.2. Der Bierschaumzerfall

Leider ist der Bierschaum nicht von Dauer. Meistens kann man im Alltag, wenn man ein Bier trinkt, beobachten, dass die effektive Bierschaumhöhe schon wieder zurückgeht, obwohl dieser noch nicht einmal seine höchstmögliche Höhe erreicht hat.

Diese Wahrnehmung kann man durch folgenden Zusammenhang erklären: *„Entsprechend des Gesetzes der Entropiezunahme natürlich ablaufender Prozesse soll die Oberfläche, welche durch das Aufschäumen des Bieres stark vergrößert ist, wieder ein Minimum annehmen. Die Oberfläche strebt nach diesem Zustand. Ein glatter Flüssigkeitsspiegel soll gebildet werden."[15]*. Des Weiteren lässt sich beobachten, dass der Schaum bereits nach kurzer Zeit nicht mehr der volumenintensiven Schaummasse, oben durch den Polyederschaum charakterisiert, entspricht. Er zerfällt unstrukturiert, sodass der Schaum äußerlich wie eine Art Kugel- bzw. Bläschenschaum mit verminderten Polyederanteilen aussieht.

Der Zerfallsprozess hat drei Ursachen: Zum einen, der wohl bedeutendste Grund, ist die Entwässerung des Schaums oder auch der als Drainage bezeichnete Effekt.[16] Aufgrund der Gravitation werden die Schaumblasen, denen durch den Aufstieg eine gewisse Menge an

---

[10] *Chemie.de*, Lexikon: Definition Schaum.

[11] *ebenda.*

[12] *ebenda.*

[13] *Potreck, Marco*, Optimierte Messung der Bierschaumstabilität in Abhängigkeit von Milieubedingungen und fluiddynamischen Kennwerten, S.8.

[14] vgl. *Potreck, Marco*, Optimierte Messung der Bierschaumstabilität in Abhängigkeit von Milieubedingungen und fluiddynamischen Kennwerten, S.8.

[15] ebenda.

[16] vgl. *Wilhelm, Thomas/ Ossau, Wolfgang*, Bierschaumzerfall - Modelle und Realität im Vergleich, S. 2.

potentieller Energie zugeführt wurde, wieder in Richtung Erde beschleunigt. Dieses macht sich vor allem dadurch bemerkbar, dass sich die mit nach oben gerissene Flüssigkeit, die sich in dem Kugelmodell zwischen den beiden Proteinschichten befindet, wieder zurück in das Bier fließt. Die Wandstärke nimmt also wieder ab; durch Untersuchungen ist dieses bereits wissenschaftlich bewiesen.[17] Daraus resultiert auch der durch den Konsumenten wahrzunehmende Flüssigkeitsanstieg nach dem Einschenken des Bieres.

Es entstehen durch das Abnehmen der Wandstärken der Schaumblasen und durch die physikalischen Eigenschaften der oberflächenaktiven Proteine unterschiedlich große Schaumblasen (vgl. 2.1.). Nun sorgt der Gibbs-Thomson-Effekt dafür, dass kleinere Schaumblasen einen höheren Innendruck aufweisen, als größere. Dieses ist durch die starke Oberflächenkrümmung der kleineren Schaumblase, also dem ungünstigen Verhältnis zwischen dem Volumen der Blase und der Oberfläche, bedingt.[18] Da nun kleinere sowie auch größere Schaumblasen vorhanden sind, entsteht ein inhomogenes System, in dem größere sowie auch kleinere Schaumblasen in Kontakt treten.

An diesem Punkt kommt die Ostwald- Reifung in das Spiel.[19] Letztere besagt, dass die Schaumblasen danach streben, einen Druckausgleich durchzuführen, folglich diffundieren die CO_2- Moleküle von der kleineren Schaumblase in die größere. Die kleinere Schaumblase löst sich in Folge dessen auf, die größere Schaumblase hat nun durch die kürzlich erst hinein diffundierten neuen CO_2- Moleküle eine Drucksteigerung erfahren. Da das Volumen der Schaumblase aber als Folge der Ostwald'schen Reifung konstant bleibt, ist nun mehr Masse in diesem Volumen vorhanden. Wiederholt sich dieser Vorgang stetig, steigt der Druck in der größeren Schaumblase solange an, bis sie selbst platzt. Zum anderen sorgt auch noch ein Verdunstungseffekt an der Oberfläche für das Zusammenbrechen des Schaumes. Dabei gehen unter anderem Wassermoleküle, aber auch flüchtigere Verbindungen, wie z.B. Alkohole, in die Umgebung über.[20] All diese Effekte bewirken schließlich gemeinsam den Bierschaumzerfall.

3. Experimente sowie deren Auswertung

In der folgenden Versuchsreihe wird der Einfluss unterschiedlicher Temperaturen, 4 °C, 17 °C, 24 °C und 42 °C, der Alkoholgehalt und die Sauberkeit des Bierglases auf die Schaumstabilität eines Krombacher Pilseners untersucht, die Ergebnisse werden ausgewertet und diskutiert. Anhand der berechneten Halbwertszeiten werden die Zerfallsprozesse miteinander verglichen. Die Durchführung sowie die Versuchsprotokolle sind im Anhang zu finden.

3.1. Die Nullprobe: Bierschaumzerfall bei Raumtemperatur 19 °C

In diesem Versuch wird der Bierschaumzerfall in Abhängigkeit von der Zeit untersucht. Der Parameter der Temperatur des Mediums wird auf 19 °C (Raumtemperatur) festgelegt. In

---

[17] vgl. *Potreck, Marco,* Optimierte Messung der Bierschaumstabilität in Abhängigkeit von Milieubedingungen und fluiddynamischen Kennwerten, S.9.

[18] *Chemie.de,* Lexikon: Gibbs-Thomson-Effekt.

[19] vgl. *Potreck, Marco,* Optimierte Messung der Bierschaumstabilität in Abhängigkeit von Milieubedingungen und fluiddynamischen Kennwerten, S.9.

[20] vgl. *ebenda.*

Abbildung [1] ist die Differenz der Schaumkanten h(t) in der Einheit cm in Abhängigkeit von der Zeit t sec Sekunden dargestellt.

Mithilfe einer exponentiellen Regression lässt sich nun eine Kurvenanpassung der Messwerte durchführen. Dafür wird die Zeit t in der Liste L1 und die Differenz h(t) in der Liste L2 eines GTR eingetragen. Es folgt durch den Befehl einer exponentiellen Regression eine Funktion der Form $f(t) = a * b^t$ ($a, b \in \mathbb{R}$ und $a \neq 0$, $b > 0$, $b \neq 1$) wobei a der Anfangsbestand und b der Wachstumsfaktor ist. Die quadratische Abweichung beträgt hierbei: $r^2 = 0{,}9759$. Das Ergebnis lautet: $f(t) = 10{,}357577863071 * 0{,}99642110606644^t$.

Eine exponentielle Abnahme lässt sich auch zur Basis der Euler'schen Zahl schreiben, da allgemein für x > 0 gilt, dass $e^{\ln(x)} = x$. Im obigen Beispiel wäre also $b^t = (e^{lnb})^t = e^{\ln(b)t}$.

Es folgt: $f(t) = 10{,}357577863071 * e^{\ln(0{,}99642110606644)t}$.

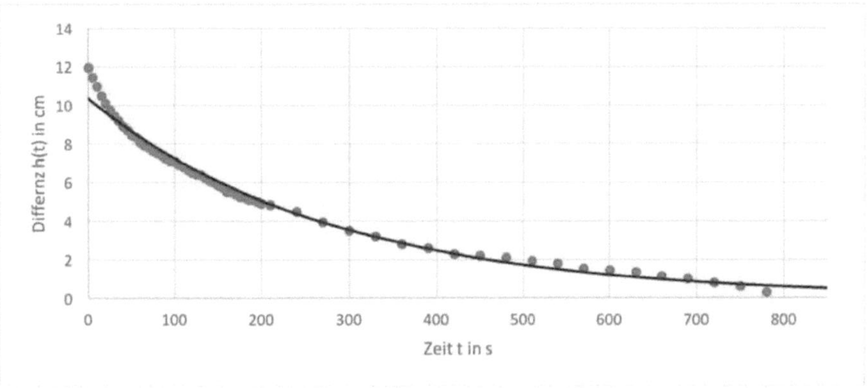

Abbildung [1]: Der Bierschaumzerfall eines 19 °C warmen Krombacher Pilseners in Abhängigkeit von der Zeit t in sec, sowie die exponentielle Regression f(t) =10,357577863071 $* e^{\ln(0{,}99642110606644)t}$.

Letztere Regression ist ebenfalls in Abbildung [1] abgetragen. Anhand der Funktion f(t) lässt sich nun die Halbwertszeit des Bierschaumes bestimmen.

$$5{,}178788932 = 10{,}357577863071 * e^{\ln(0{,}99642110606644)t_{0{,}5}} \qquad |: 10{,}357577863071$$

$$\frac{1}{2} = e^{\ln(0{,}99642110606644)t} \qquad |\ln$$

$$\ln\left(\frac{1}{2}\right) = \ln(0{,}99642110606644)\,t$$

$$\ln(1) - \ln(2) = \ln(0{,}99642110606644)\,t$$

$$-\ln(2) = \ln(0{,}99642110606644)\,t \qquad |: \ln(0{,}99642110606644)$$

$$\frac{-\ln(2)}{\ln(0{,}99642110606644)} = t$$

Folglich beträgt die Halbwertszeit dieses Versuches $t_{0,5} = 193{,}3296$ s.

3.2. Möglicher Einflussfaktor: Die Temperatur

3.2.1. Versuch: Bierschaumzerfall bei 4 °C

In Abbildung [2] ist die Differenz h(t) der Bierschaumober- sowie -unterkante in Abhängigkeit von der Zeit t dargestellt. Die Differenz h(t) ist dabei in der Einheit cm und die Zeit t in sec abgetragen. Nun wird wie bei der Nullprobe mithilfe eines GTR eine exponentielle Regression durchgeführt. Hierfür wird die Zeit, als x-Werte, in die Liste L1 und die Schaumdifferenz, als y-Werte, in die Liste L2 eingetragen. Es folgt eine Funktion der Form $f(t) = a * b^t$; $(a, b \in \mathbb{R}\ und\ a \neq 0, b > 0, b \neq 1)$. Die Variable a stellt wieder den Anfangsbestand und die Variable b den Wachstumsfaktor dar. Die quadratische Abweichung beträgt: $r^2 = 0{,}9729$. Folglich ergibt sich: $f(t) = 8{,}754554155 * 0{,}9952312485^t$.

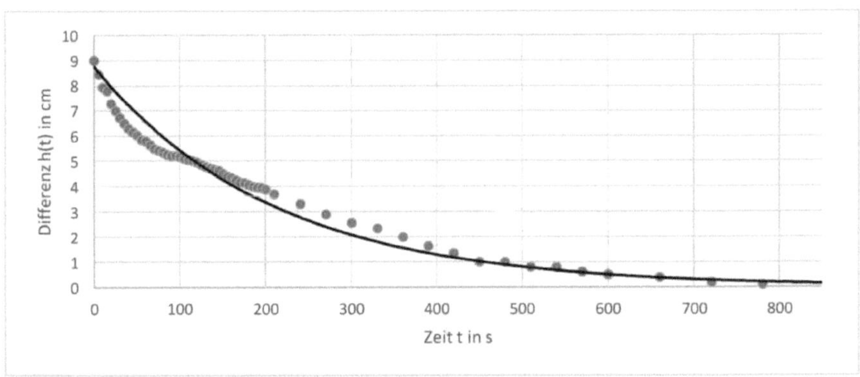

Abbildung [2]: Der Bierschaumzerfall eines 4°C kalten Krombacher Pilsener in Abhängigkeit von der Zeit t in sec, sowie die exponentielle Regression $f(t) = 8{,}754554155 * e^{\ln(0{,}9952312485)t}$.

Zur Basis der Euler'schen Zahl sieht die Funktion nach den Gesetzmäßigkeiten aus 3.1. wie folgt aus: $f(t) = 8{,}754554155 * e^{\ln(0{,}9952312485)t}$. Letztere Regression ist in Abbildung [2] abgebildet. Die Halbwertszeit dieses Zerfalles beträgt nach analoger Berechnung zu 3.1. $t_{0,5} = 145{,}0051$ s.

3.2.2. Versuch: Bierschaumzerfall bei 17 °C

Durch die Kombination der bei diesem Versuch aufgezeichneten Messwerte erhält man die in Abbildung [3] dargestellten Punkte, wobei deren y-Koordinate die Schaumdifferenz h(t) in cm und deren x-Koordinate die Zeit t in sec wieder spiegelt. Ebenfalls wird nun eine exponentielle Regression mithilfe des GTR durchgeführt, indem die Zeit t in die Liste L1 und die

Schaumdifferenz h(t) in Liste L2 eingetragen wird. Es folgt eine Funktion der Form: $f(t) = a * b^t$ ($a, b \in \mathbb{R}$ und $a \neq 0$, $b > 0$, $b \neq 1$), die durch den Parameter a als Anfangsbestand und b als Wachstumsfaktor definiert ist. Folglich ist die Funktion: $f(t) = 11{,}82744333 * 0{,}9952297893^t$. Durch Umformen dieser Funktion analog zu der Auswertung in 3.1 ergibt sich folgende exponentielle Abnahme zur Basis der Euler'schen Zahl: $f(t) = 11{,}82744333 * e^{\ln(0{,}9952297893)t}$. Das Ergebnis dieser Regression ist in Abbildung [3] veranschaulicht. Die quadratische Abweichung liegt hierbei bei $r^2 = 0{,}9589$. Die Berechnung der Halbwertszeit erfolgt wie in 3.1 durch den Term $\dfrac{-\ln(2)}{\ln(0{,}9952297893)}$ und es ergibt sich für $t_{0{,}5} = 144{,}9606$ s.

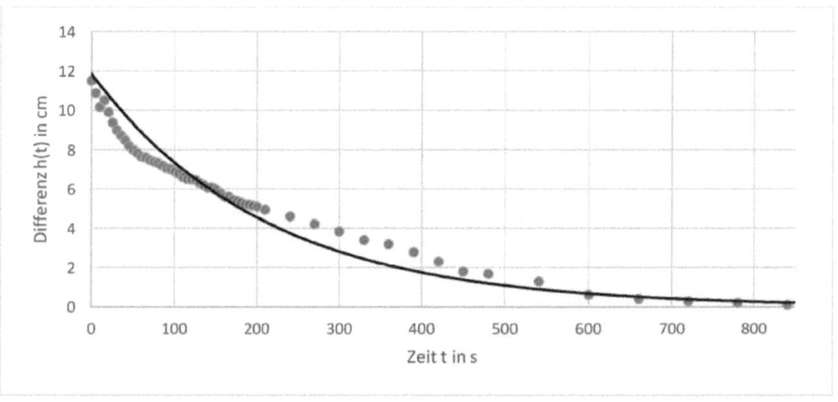

Abbildung [3]: Der Bierschaumzerfall eines 17°C kalten Krombacher Pilseners in Abhängigkeit von der Zeit t in sec, sowie die exponentielle Regression $f(t) = 11{,}82744333 * e^{\ln(0{,}9952297893)t}$.

3.2.3. Versuch: Bierschaumzerfall bei 24 °C

Die Messwerte, die sich bei diesem Versuch ergaben, sind in der Abbildung [4] abgetragen.

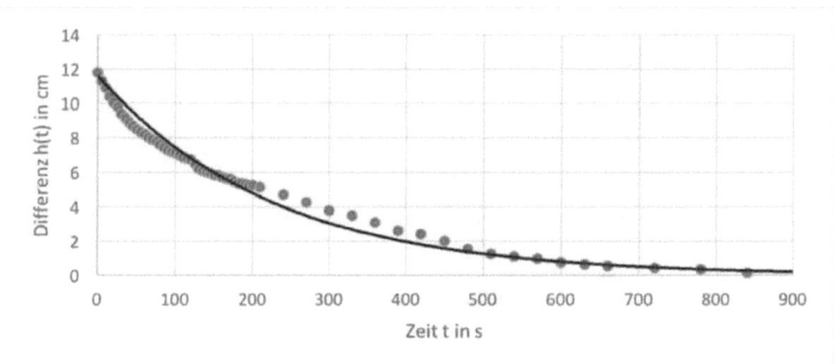

Abb. [4]: Der Bierschaumzerfall eines 24°C warmen Krombacher Pilseners in Abhängigkeit von der Zeit t in sec und die exp. Regression $f(t) = 11{,}59577329 * e^{\ln(0{,}9955747703)t}$.

Auf der y-Achse befindet sich die Schaumdifferenz h(t) in cm und auf der x-Achse die Zeit t in sec. Die Durchführung einer exponentiellen Regression hat das Ergebnis der Form $f(t) = a * b^t$ ($a, b \in \mathbb{R}$ *und* $a \neq 0, b > 0, b \neq 1$), nachdem man die entsprechenden Werte in die Liste L1 und die Liste L2 eingesetzt hat, und ist $f(t) = 11{,}59577329 * 0{,}9955747703^t$. Die quadratische Abweichung beträgt hierbei: $r^2 = 0{,}9811$. Zur Basis der Euler'schen Zahl ergibt sich nach den Gesetzmäßigkeiten aus 3.1. folgende Funktion: $f(t) = 11{,}59577329 * e^{\ln(0{,}9955747703)t}$. Letztere Regression ist in Abbildung [4] ebenfalls dargestellt. Die Halbwertszeit dieses Zerfalls beträgt bei Berechnung analog zur Auswertung aus 3.1. $t_{0,5} = 156{,}2885$ s.

3.2.4. Versuch: Bierschaumzerfall bei 42 °C

Abbildung [5] zeigt die Differenz h(t) der Schaumober- sowie -unterkante des Bierschaumes in cm in Abhängigkeit von der Zeit t in sec. Man kann auch hier eine exponentielle Regression zur Modellierung der Messwerte heranziehen, indem man die entsprechenden Werte in die Liste L1 und in die Liste L2 einträgt und erhält demnach mithilfe des GTR eine Funktion der Form $f(t) = a * b^t$ ($a, b \in \mathbb{R}$ *und* $a \neq 0$, $b > 0$, $b \neq 1$). Die Regression ist demnach: $f(t) = 10{,}90155933 * 0{,}9971841795^t$. Zur Basis der Euler'schen Zahl erhält manz

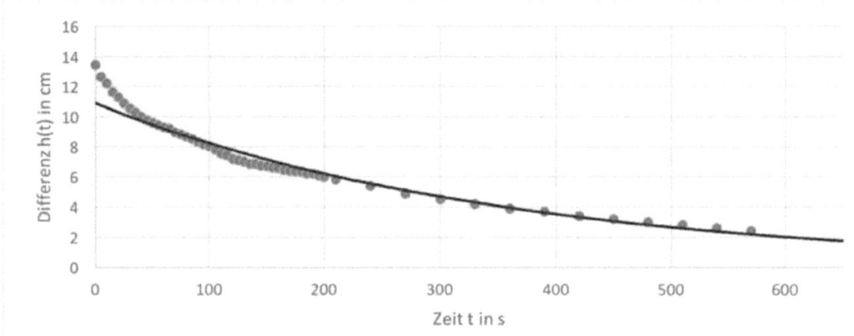

Abbildung [5]: Der Bierschaumzerfall eines 42 °C warmen Krombacher Pilseners in Abhängigkeit der Zeit t in s, sowie die exponentielle Regression $f(t) = 10{,}90155933 * e^{\ln(0{,}9971841795)t}$.

entsprechend der bereits in 3.1. erwähnten Gesetzmäßigkeiten die Funktion $f(t) = 10{,}90155933 * e^{\ln(0{,}9971841795)t}$. Die quadratische Abweichung dieser Regression hat den Wert: $r^2 = 0{,}9754$. Graphisch ist letztere Regression ebenfalls in Abbildung [5] abgetragen. Nun kann man mit der Berechnung der Halbwertszeit in analoger Weise zu 3.1. fortfahren. Es ergibt sich der Wert $t_{0,5} = 245{,}8150$ s.

3.2.5. Diskussion der Ergebnisse der Versuchsreihe Temperatur

Durch die Betrachtung der verschiedenen Halbwertszeiten, die sich aus den Auswertungen der vorhergehenden Versuchen ergeben, lässt sich ableiten, dass die Temperatur einen Einfluss auf den Bierschaumzerfall eines Krombacher Pilseners haben könnte: Die Halbwertszeiten haben alle einen unterschiedlichen Wert und deren Differenz weist einen zu großen Wert dafür auf, dass man diese Abweichungen auf Messfehler zurückführen könnte. Außerdem kann man aus

Abbildung [6] entnehmen, dass, wenn man die Halbwertszeiten der Versuche miteinander vergleicht, ein leichter Trend erkennbar ist, der sich bei höheren Temperaturen in einer steigenden Halbwertszeit zeigt. Folglich ließe sich schlussfolgern, dass der Bierschaum eines warmen Krombacher Pilseners grundsätzlich stabiler ist als der eines kalten Pilseners.

Diese Hypothese steht aber im Widerspruch zu weiteren im Folgenden genannten wissenschaftlichen Erkenntnissen und lässt sich deshalb nicht bestätigen.

Die Oberflächenspannung einer Flüssigkeit bietet den ersten Erklärungsansatz. Teilchen einer Flüssigkeit bilden aufgrund der Kohäsion Bindungen zu ihren Nachbarteilchen aus, diese Bindungen erfolgen in alle Himmelsrichtungen. Nun können die Teilchen in der Flüssigkeit auch wandern, indem sie ihre Bindung durch aufgebrachte Energie, in diesem Falle Wärmeenergie, trennen. Aber an Ihrem neuen Ort bilden sie wieder eine Bindung zu ihrem neuen Nachbarn aus, Energie wird freigesetzt. Energetisch betrachtet also ein völlig neutraler Vorgang. Teilchen an der Oberfläche gelegen, können in Richtung des Phasenübergangs keine Bindung ausbilden, da ihnen schlichtweg der Nachbar fehlt. Im Falle einer Oberflächenvergrößerung müssen mehr Teilchen an der Oberfläche vorhanden sein. Dafür werden Bindungen der Teilchen, die sich in der Flüssigkeit befinden, gespalten, damit diese sich zur Oberfläche bewegen können. Letztendlich werden an der Oberfläche aber keine neuen Bindungen ausgebildet, ein energetisch betrachtet negativer Prozess. Folglich muss für eine Oberflächenvergrößerung Arbeit aufgewendet, bzw. Energie ins System hineingesteckt werden. Definiert ist die Oberflächenspannung als Quotient der verrichteten Arbeit und der infolge dessen entstehenden Vergrößerung der Oberfläche.[21] Weiterhin ist in der Thermodynamik bekannt, dass Oberflächenspannung mit steigender Temperatur abnimmt, da dem System mehr Wärmenergie zum Spalten der Bindungen zur Verfügung steht.[22] Folglich wird bei gleichem Betrag der aufgewandten Arbeit eine höhere Oberflächenvergrößerung erzielt.

Versuch	Temperatur	Anfangsbestand Messwerte	Anfangsdifferenz h(0)	Wachstumsfaktor b	Halbwertszeit t
3.2.1.	4 °C	9 cm	8,754554155 cm	0,995231249	145,0051 s
3.2.2.	17 °C	11,5 cm	11,82744333 cm	0,995229789	144,9606 s
3.1.	19 °C	11,95 cm	10,357577863071 cm	0,996421106	193,3296 s
3.2.3.	24 °C	11,8 cm	11,59577329 cm	0,99557477	156,2885 s
3.2.4.	42 °C	13,45 cm	10,9015593 cm	0,99718418	245,8150 s

Abbildung [6]: Vergleich der markantesten Eigenschaften der untersuchten Versuche.

Dies erklärt auch das Phänomen der stets mit der Temperatur steigenden Anfangsbestände des Bierschaumes (s. Abbildung [9]). Da nun die Oberfläche vergrößert ist, können sich hier mehr oberflächenaktive Stoffe ansammeln. Dies begünstigt ebenfalls die Strukturbildung einer Schaumblase (s. 2.1.).

Des Weiteren gilt, dass die Viskosität einer Flüssigkeit mit ansteigender Temperatur abnimmt, womit die in 2.2. beschriebene Drainage unterstützt würde.[23] Ebenfalls gilt, dass die Viskosität

---

[21] *Chemie.de*, Lexikon: Oberflächenspannung.
[22] ebenda.
[23] vgl. *Potreck, Marco*, Optimierte Messung der Bierschaumstabilität in Abhängigkeit von Milieubedingungen und fluiddynamischen Kennwerten, S.14 f.

von Gasen mit ansteigender Temperatur zunimmt, da den Gasmolekülen Bewegungsenergie zugeführt wird,[24] somit würde theoretisch auch die Ostwald'sche Reifung unterstützt. Aus beiden Veränderungen der Viskositätseigenschaften müsste dann ein deutlich schneller zerfallender Bierschaum resultieren, welches sich experimentell in dieser Arbeit nicht beweisen lässt.

Wenn man sich nun noch den Wachstumsfaktor b der Versuche anschaut (s. Abbildung [6]), stellt man fest, dass diese alle um irgendeinen Wert streuen und kein Trend erkennbar ist. Die Abweichungen von dem Mittelwert der Wachstumsfaktoren lassen sich mit den in 6. benannten Fehlerquellen begründen. Die unterschiedlichen Halbwertszeiten sind dementsprechend die Folge der unterschiedlichen Anfangsbestände der Schäume, da ein größeres Schaumvolumen eben länger braucht, um zu zerfallen als ein kleineres Schaumvolumen. Folglich würden die unterschiedlich warmen Pilsener in gleichem Maße zerfallen und die Temperatur hat daher keinen Einfluss auf den Bierschaumzerfall.

Dieses Ergebnis wird durch eine Untersuchung von Charles Bamforth et al. ebenfalls unterstützt, allerdings wird von diesen eine andere Biersorte verwendet.[25] Jedoch bedarf es weiterer Versuche mit unterschiedlichen Temperaturen, um das Ergebnis dieser Untersuchung zu verifizieren.

3.3. Möglicher Einflussfaktor: Der Alkoholgehalt des Bieres

Im folgenden Versuch wird überprüft, ob der Bierschaum eines alkoholfreien Krombacher Pilseners schneller zerfällt, als der eines Pilseners mit Alkohol. Die Differenz im Alkoholgehalt beträgt hierbei knapp 4,8 %. Für das alkoholfreie Pilsener ergeben sich im zeitlichen Verlauf nachstehende Messwerte, die in Abbildung [10] abgetragen sind. Mithilfe des GTR lässt sich anhand einer exponentiellen Regression auch wieder eine Funktion der Form $f(t) = a * b^t\ (a, b \in \mathbb{R}\ und\ a \neq 0,\ b > 0,\ b \neq 1)$ generieren. Das Ergebnis ist

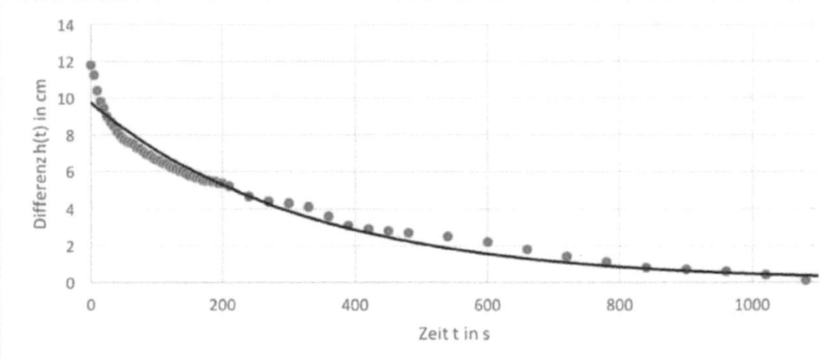

Abbildung [10]: Der Bierschaumzerfall eines 19 °C warmen, alkoholfreien Krombacher Pilseners in Abhängigkeit der Zeit t in sec sowie die exponentielle Regression $f(t) = 9,749980557 * e^{\ln(0,9969353736)t}$.

$f(t) = 9,749980557 * 0,9969353736^t$, die quadratische Abweichung beträgt

---

[24] vgl. *Potreck, Marco*, Optimierte Messung der Bierschaumstabilität in Abhängigkeit von Milieubedingungen und fluiddynamischen Kennwerten, S.14 f.

[25] vgl. *Bamforth, Charles et al.*, Some Factors Impacting Beer Foam, S. 335.

$r^2 = 0,9482$. Die Funktion zur Basis der EULER'schen Zahl lautet: $f(t) = 9,749980557 * e^{\ln(0,9969353736)t}$, die ebenfalls in Abbildung [10] dargestellt ist. Nachdem die Halbwertszeit dieses Zerfalles wie in 3.1. berechnet wird, ergibt sich der Wert $t_{0,5} = 225,83$ s.

Die Nullprobe dient nun als Vergleichsobjekt, da in Korrelation zu diesem Versuch alle Parameter konstant gehalten werden, nur eben der Alkoholgehalt nicht. Bei der Versuchsauswertung der Nullprobe ist eine Halbwertszeit von $t_{0,5} = 193,3296$ s ermittelt, die im direkten Vergleich zur Halbwertszeit des alkoholfreien Bieres deutlich geringer ist. Somit lässt sich folgern, dass auch der Alkoholgehalt des Bieres einen Einfluss auf den Bierschaumzerfall hat. Ethanol gilt generell als ein schaumnegativer Faktor. Er soll die schaumpositiven Faktoren von der Oberfläche verdrängen und sogar destabilisierend auf die Struktur der Schaumblasen wirken, indem er die hydrophoben Wechselwirkungen, die entscheidend zur Bildung einer Schaumblase sind, hemmt.[26] Des Weiteren geht man davon aus, dass die im Kontrast zu Wasser verschiedenen Eigenschaften des Ethanols, wie die Dichte, die Viskosität oder auch die Oberflächenspannung auf die Schaumstabilität einwirken.[27]

3.4. Möglicher Einflussfaktor: Die Sauberkeit des Bierglases

In diesem Versuch soll das bereits in der Einleitung erwähnte Phänomen, Zerfall des Bierschaumes nach dem Einreiben der Gläser mit Speck durch die Studenten, untersucht werden. Der Versuchsaufbau sowie die Durchführung ist im Anhang im Versuchsprotokoll ausführlich dargelegt. Abbildung [11] zeigt den Bierschaumzerfall eines 19°C warmen Krombacher Pilseners in Abhängigkeit von der Zeit t in sec in einem präparierten Gefäß. Auch hierbei lässt sich mit dem GTR eine exponentielle Regression durchführen, indem man die Zeit t in die Liste L1 und die Schaumdifferenz h(t) in die Liste L2 einsetzt. Folglich erhält man eine Funktion der Form $f(t) = a * b^t$ ($a, b \in \mathbb{R}\ und\ a \neq 0$, b > 0, b $\neq$ 1), die da wäre $f(t) = 10,21867091 * 0,9748584568^t$. Die quadratische Abweichung beträgt

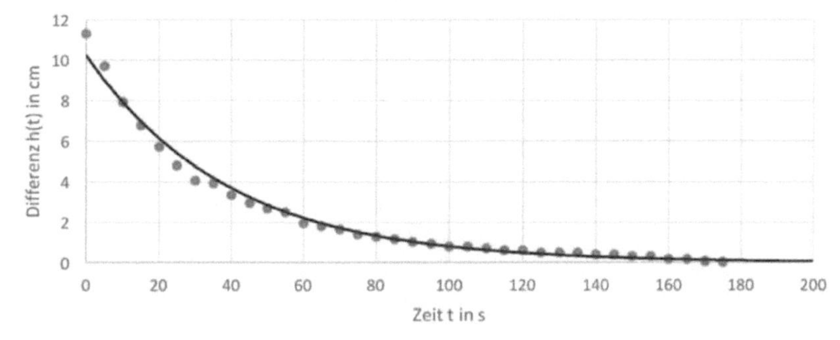

Abbildung [11]: Der Bierschaumzerfall eines 19 °C warmen Krombacher Pilseners in einem Gefäß, das zuvor fettig eingerieben wurde und die exponentielle Regression der Messwerte $f(t) = 10,21867091 * e^{\ln(0,9748584568)t}$.

---

[26] vgl. *Siebert, Karl J.*, Recent Discoveries in Beer Foam, S. 82.
[27] vgl. *ebenda.*

$r^2 = 0,9423$. Zur Basis der Euler'schen Zahl lautet die Funktion nach den Gesetzmäßigkeiten aus 3.1. wie folgt: $f(t) = 10,21867091 * e^{\ln(0,9748584568)t}$, die in Abbildung [11] dargestellt ist. Die Halbwertszeit dieses Zerfalles wiederrum beträgt nach analoger Berechnung zu 3.1. $t_{0,5} = 27,2218$ s.

Im Vergleich zur Nullprobe aus 3.1. ist letztere Halbwertszeit deutlich geringer und die Differenz über 160 s. Folglich ist die Schaumhaltbarkeit durch ein fettiges Glas deutlich herabgesetzt.

Die Studenten hatten also damals den richtigen naturwissenschaftlichen Zusammenhang bereits erkannt. Die Fette der Speckschwarte, den Lipiden zugehörig, gelten ebenfalls als schaumnegativer Faktor.[28] In Abbildung [12] ist die Wirkung der Lipide vereinfacht dargestellt. Die obere Darstellung soll die Wirkungsweise

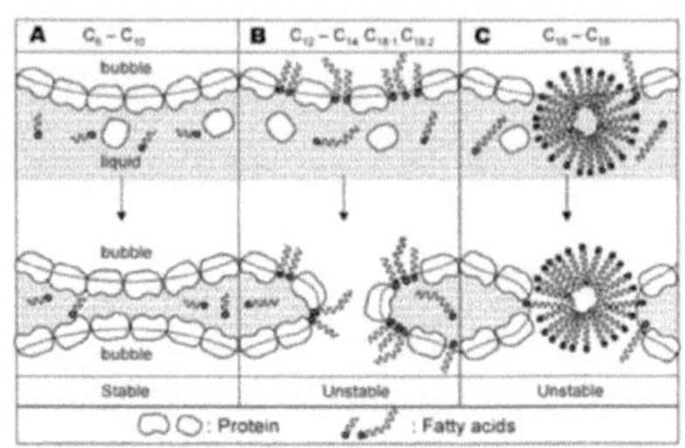

Abb. [12]: Der Wirkungsmechanismus von Lipiden auf die Schaumhaltbarkeit. Aus Wilde, P. et al.,2003.

der Lipide am Phasenübergang und die untere Darstellung im Aufeinandertreffen zweier Schaumblasen verdeutlichen. Außerdem wird ebenfalls eine Einschränkung vorgenommen, indem die Lipide noch nach ihrer Anzahl der Kohlenstoffatome sortiert werden und der dadurch entstehenden unterschiedlichen Wirkung auf den Bierschaum. Sie sind von ihrem Wirkungsmechanismus also mit Ethanol vergleichbar.

4. Vorteile und Grenzen der durchgeführten Auswertung

Die Methodik der Auswertung ist in den Versuchsprotokollen (s. Anhang) hinreichend beschrieben. Die gewählte Methodik lässt sich durch einige Vorteile gegenüber anderer möglicher Methoden charakterisieren.

Die Kombination der durch die Videoaufzeichnung ermittelten Messwerte bis zu dem Zeitpunkt $t \leq 200$ s mit den manuell aufgezeichneten Messwerten ab dem Zeitpunkt $t > 200$ s hat den Vorteil, dass die Schaumober- sowie -unterkante genauer bestimmt werden kann.

In dem Zeitraum der Videoanalyse ist der Zustand des Polyederschaumes überwiegend, sodass es eine eindeutig zu bestimmende Oberkante des Schaumes gibt. Ab dem Zeitpunkt $t > 200$ s sind zunehmend Schaumrückstände an der Glasinnenseite zu verzeichnen, sodass eine Bestimmung der Schaumoberkante durch eine Videoanalyse nahezu unmöglich ist. Durch manuelle Beobachtung des Schaumes ist stets die wirkliche Schaumoberkante zu identifizieren. Des Weiteren hat dies den Vorteil, dass in der schnellen Phase des Bierschaumzerfalls (ca. für $t \leq 200$ s) durch die Videoanalyse in kleineren zeitlichen Abständen Messwerte aufgezeichnet werden. Die Tatsache, dass sich die Versuche durch die mitlaufende Videoaufzeichnung digitalisieren lassen, ist ein weiterer Vorteil, sodass später sogar qualitative Eindrücke des Bierschaumzerfalls in einem Zeitraffer des Zerfalls visualisiert werden können. Die parallele Auswertung, d.h. die manuelle Messwerte Aufzeichnung sowie die Videoaufnahme zusammen,

---

[28] vgl. *Narziß, Ludwig*, Abriss der Bierbrauerei, S.315.

lässt ebenfalls Raum für Überprüfung der Messwerte, schafft gegenseitige Kontrolle und reduziert die Messungenauigkeiten.

Wie bereits in der Durchführung der Versuche erwähnt, dient ein exponentielles Zerfallsmodell als Grundlage für die mathematische Modellierung und damit letztendlich auch für die Ergebnisse dieser Untersuchung. Doch auch dieses Modell hat seine Grenzen.

In der Wissenschaft sind bisher noch keine allgemeingültigen Zerfallsgesetze für den Bierschaumzerfall bekannt, viele Wissenschaftler tasten sich aber bereits in diese Richtung vor. So auch Herr Dr. Wilhelm und Prof. Dr. Ossau, die in in ihrer Publikation verschiedene mathematische Modelle, die bereits in unterschiedlichsten Untersuchungen zur Modellierung des Bierschaumzerfalls zum Einsatz gekommen sind, miteinander auf ihre Plausibilität vergleichen.[29] Sie verwenden dabei die Messwerte von Herrn Leike, der für seine Untersuchungen, welches mathematische Modell sich am Besten für die Modellierung des Bierschaumzerfalls eignet, den Ig-Nobelpreis der Harvard Universität erhielt. Das Ergebnis ist, dass sie von einem zweiphasigen Zerfall ausgehen, wobei die erste zeitlich kürzer ist als die zweite. Eigentlich definieren sie sogar drei Phasen, aber die erste stellt dabei die Phase dar, in der die Bierschaumoberkante noch steigt. Somit sei diese Phase nicht zwingend relevant für die Zerfallsanalytik.[30] Physikalisch erklären sie die erste Phase durch die Drainage, in der das Bierschaumvolumen stark durch die zurückfließende Flüssigkeit abnimmt. Die zweite erklären sie sich durch das Phänomen der Ostwald'schen Blasenreifung. Mathematisch sei somit eine biexponentielle Modellierung ideal, die eben diese beiden Zerfallsphasen auch mathematisch ausdrücken würde.[31] Aber sie zweifeln auch die Qualität der Messwerte von Leike an, auf der sich ihre biexponentielle Modellierung letztendlich stützt. In dieser Versuchsreihe wurde eine wie bereits ausführlich in der Auswertung beschrieben exponentielle Regression mithilfe des GTR durchgeführt. Außerdem wurden in den einzelnen Auswertungen schon die quadratischen

Abweichungen erwähnt, die noch einmal in Abbildung [13] vergleichend dargestellt sind. Dabei lässt sich erkennen, dass die Werte alle nahezu dem Wert 1 entsprechen, somit ist die exponentielle Modellierung zumindest für diese Messewerte ziemlich präzise. Außerdem kann man den Versuchsprotokollen die durchschnittliche Änderungsrate h'(t) der Schaumdifferenz entnehmen. Der Betrag letzterer wird tendenziell mit abnehmendem Bestand des Schaumes immer kleiner, das auf eine Eigenschaft des exponentiellen

Versuch	r^2
3.1.	0,9759
3.2.1.	0,9729
3.2.2.	0,9589
3.2.3.	0,9811
3.2.4.	0,9754
3.4.	0,9482
3.5.	0,9423

Abb. [13]: Vergleich der quadratischen Abweichungen der in den Versuchsauswertungen durchgeführten

Wachstums hindeutet, nämlich die Differentialgleichung $f'(t) = -k * f(t)$. Jedoch spiegelt diese annähernde Modellierung gewiss nicht die Realität wieder, da sie mathematisch betrachtet eine Asymptote an der x-Achse besitzt. Folglich würde die Bierschaumdifferenz niemals den Wert null annehmen, da die Funktionswerte hier bei einem Argument, das gegen

---

[29] vgl. *Wilhelm, Thomas/ Ossau, Wolfgang*, Bierschaumzerfall - Modelle und Realität im Vergleich, S. 2 ff.

[30] vgl. ebenda.

[31] vgl. *Wilhelm, Thomas/ Ossau, Wolfgang*, Bierschaumzerfall - Modelle und Realität im Vergleich, S. 8.

unendlich konvergiert, gegen den Wert null konvergieren würden. Dies widerspricht der Realität, da der Bierschaum eines jeden Bieres auf Dauer komplett zerfällt.

5. Fehlerbetrachtung

Aufgrund der außerordentlichen Komplexität des Bierschaumphänomens ist es schwierig, quantitative allgemeingültige Zerfallsbeschreibungen vorzunehmen. Während der Analyse des Bierschaumzerfalls sind immer weitere Fehlerquellen aufgetaucht, die sich eventuell letztendlich nur durch hoch professionalisierte Messverfahren eliminieren lassen.

Die bedeutendste Fehlerquelle ist die nicht eindeutige Bestimmung der Bierschaumober- sowie unterkante, da bei vielen Versuchen bereits nach einer kurzen Zeitspanne eine regelrechte Hügellandschaft des Bierschaumes entstanden ist (s. Beobachtungen in den Versuchsprotokollen). Hierbei ist es auch wichtig zu erwähnen, dass auch der Zeitpunkt, an dem der Bierschaum komplett zerfallen ist, nicht genau definiert werden kann, da infolge der Hügellandschaft des Bierschaumes Teile des Volumens schon komplett zerfallen sind, während andere noch bestehen. Folglich spielt bei allen Versuchen ein subjektiver Aspekt der Messung eine verfälschende Rolle.

Wie sich in der obigen Untersuchung des Einflussfaktors Sauberkeit des Glases (s. 3.5.) gezeigt hat, ist dieser ein erheblicher schaumnegativer Faktor. Die Sauberkeit des Becherglases könnte somit eine weitere Fehlerquelle sein, da sich ein Becherglas nicht perfekt reinigen lässt. Nichtdestotrotz wurde das Becherglas nach jedem Versuchsdurchgang ohne Spülmittel in unterschiedlichen Temperaturen gewaschen, um eben eine bestmögliche Sauberkeit zu gewährleisten.

Des Weiteren lässt sich die exakte Höhe des Glasbodens auf der Außenwand nicht definieren, sodass die gemessenen Bierschaum Ober- sowie -unterkanten durchaus in einem gewissen Maße von der Realität abweichen können. Jedoch wurde das Zentimetermaß bei allen Versuchen in der selben Höhe angebracht, wodurch ein neuer Nullpunkt definiert wurde und diese Fehlerquelle vernachlässigbar ist.

Leicht abweichende Temperaturen von den gemessenen Werten haben sich ebenfalls als Fehlerquelle aufgetan, da sich das Medium in allen Versuche etwas an die Raumtemperatur angeglichen hat. Da die Versuchsdauer aber auch 18 Minuten andauern konnte, ist diese Angleichung bereits nachweisbar. Ein Bespiel hierfür wäre der Versuch mit dem Medium, welches am Anfang der Messung 4 °C kalt war und am Ende der Messung bereits auf 8 °C erwärmt war.

Andere als Einfluss geltend machende bekannte Faktoren, wie die Luftfeuchtigkeit[32], die den Versuchsaufbau umgibt, stellen sicherlich auch eine Fehlerquelle dar, da die Luftfeuchtigkeit auch von Stunde zu Stunde bzw. von Tag zu Tag stark variiert.

Durch die bereits in 4. erwähnte nicht realitätstreue, vielmehr annähernde mathematische Modellierung ist eine weitere Fehlerquelle benannt.

6. Weitere Einflussfaktoren

Gerade wie in der oben bereits aufgeführten ausländischen, wissenschaftlichen Literatur sind weitere Faktoren experimentell bestimmt worden, die entweder als schaumnegativ bzw.

---

[32] vgl. *Brant, Peter*, Bier und Brauhaus; Bier schäumt nicht vor Wut, S. 38/39.

schaumpositiv gelten. Letzteres heißt in diesem Falle, dass der Faktor eine schaumstabilisierende Eigenschaft aufweist. Schaumnegative Faktoren habe eine gegenteilige Eigenschaft. Größtenteils gehören diese Faktoren alle verschiedenster Stoffgruppierungen an. Jedoch ist die Zusammensetzung dieser Stoffe, deren Molekülgröße sowie deren molekularer Aufbau ebenfalls von großer Bedeutung. So kommt es z.B. auch auf „das Verhältnis der höher- zu den niedrigermolekularen Gruppen"[33] an.

Abiotische Faktoren, wie z.B. die Temperatur oder auch der pH-Wert sind bei der Einflussnahme auf den Bierschaum zu vernachlässigen.

Doch auch die Luftfeuchtigkeit der Luft, die das Bier umgibt, soll einen Einfluss auf den Bierschaum haben. Bei geringer Luftfeuchtigkeit soll der Verdunstungseffekt (s.2.2) begünstigt werden, sodass der Bierschaum folglich schneller zerfällt.[34]

Des Weiteren sei der Umgebungsluftdruck ein weiterer Einflussfaktor, da die CO_2- Moleküle es z.B. auf einem hohen Gebirge, wo der Luftdruck geringer ist als auf Meereshöhe, leichter hätten, aus dem Bierschaum in die Umgebung zu diffundieren und der Bierschaum somit schneller zerfallen würde.[35]

7. Fazit

Nach der Darstellung der chemischen und physikalischen Eigenschaften des Bierschaumes und der Auswertung der Versuche kann man zusammenfassend festhalten, dass es Faktoren gibt, die auf den Bierschaumzerfall maßgeblich einwirken.

Experimentell wird in dieser Facharbeit der Einfluss des Alkoholgehaltes (s.3.4), sowie die Sauberkeit des Gefäßes aus dem das Bier getrunken wird, bewiesen (s.3.5.).

Die Anekdote um die durstigen Studenten scheint auf wahren Fakten zu beruhen, sie konnten so manches Bier mehr trinken.

Lediglich die Temperatur hat sich nicht als Einflussfaktor auf den Bierschaumzerfall erwiesen. Sie sorgt zwar für ein unterschiedliches Schaumvolumen, doch dieses zerfällt auch wieder in gleichem Maße.

Die drei untersuchten Faktoren stellen aber lediglich einen Bruchteil der möglichen Einflussfaktoren auf den Bierschaumzerfall dar, weitere sind ebenfalls in Kapitel 6 aufgeführt.

Abschließend lässt sich festhalten, dass die Einwirkung verschiedenster Faktoren auf die Bierschaumstabilität sowie den Bierschaumzerfall ein äußerst komplexer Zusammenhang ist, den es in Zukunft weiter zu untersuchen gilt. Eventuell wird es ja Methoden geben, die alle Einflussfaktoren auf den Bierschaumzerfall für eine andauernde Zeitspanne hemmen bzw. der Brauprozess soweit gehend modifiziert wird, dass der Bierschaum eine optimale Haltbarkeit bekommt.

Die Folge wäre eine prachtvolle, langlebige Krone auf dem Bier, die die Konsumenten überzeugt. Doch dann darf durch diese Modifikation der Geschmack des Bieres nicht beeinflusst werden, denn dieser ist letztendlich wohl das entscheidende Kriterium für ein gutes Bier.

---

[33] Narziß, Ludwig, Abriss der Bierbrauerei, S.314.
[34] vgl. *Brant, Peter*, Bier und Brauhaus; Bier schäumt nicht vor Wut, S. 38/39.
[35] vgl. *ebenda*.

Allgemeine Anmerkungen:

A) Versuchsprotokolle
Die Versuche besitzen stets den selben Versuchsaufbau, um eine gewisse Konstanz unterschiedlicher Parameter gewährleisten zu können. Als Beispiel kann hier die Form des Gefäßes genannt werden.

In allen Versuchen wurde dieselbe Biersorte verwendet. Es ist ein Pilsener Bier und gehört damit in die Kategorie des absatzstärksten und damit wohl beliebtesten Bieres Deutschland.[36] Es ist das Krombacher Pils, das im Jahr 2015 als „unangefochtener Marktführer in Deutschland"[37] mit ca. 4,26 Millionen Hektoliter Verkaufsvolumen galt. Lediglich im Versuch zur Überprüfung des Alkoholgehalts als möglicher Einflussfaktor kommt das alkoholfreie Krombacher Pils, welches ebenfalls der aktuelle Marktführer in seinem Segment ist, zum Einsatz.

B) Bezug zu Personen aus der Praxis
Im Rahmen dieser Arbeit wurden mehrere Ansprechpartner aus der Praxis kontaktiert. Einmal die Brauerei Krombacher selbst und ein Professor der TU Berlin und der Hochschule Weihenstephan –Triesdorf.

---

[36] *Schlie, S.,* Die Biersorte Pils, S.1.
[37] *Kaube, J. et al.,* Frankfurter Allgemeine Zeitung; Krombacher meldet neuen Absatzrekord, S.21.

Literaturverzeichnis

Bamforth,C., *Kalathas, A.,* *Maurin, Y.,* *Wallin, C.*	Some Factors Impacting Beer Foam. *published in: Technical Quarterly; Master Brewers Association oft he Americas* *University of California, Davis, CA.*

Bieker, H.   Bierstreich: Wie entsteht die Schaumfontäne?.
unter: http://www.weltderphysik.de/thema/hinter-den-dingen/bierstreich/
abgerufen am 17.03.2016.

Brant, P.   Bier schäumt nicht vor Wut. Steinhagen 2009.
veröffentlicht in: Bier und Brauhaus Ausgabe 01 Frühjahr

Deutscher Brauer-Bund e.V.   Wie kommt der Schaum aufs Bier?.

unter: http://www.brauer-bund.de/bier-ist-rein/geheimnis-des-

bierschaums.html

abgerufen am 04.02.2016.

Evans, E., Sheehan, M.   Don't be Fobbed Off: The Substance of Beer Foam – A Review.
In: American Society of Brewing Chemists, Inc.
published in: 2002
Australien, Lion Nathan Lidcombe; NSW 2141,
Australia, Glen Osmond SA 5064.

Kaube, J.(Hrsg.) et al.   Krombacher meldet neuen Absatzrekord. Frankfurt 2016.
veröffentlicht in: Frankfurter Allgemeine Zeitung Nr. 17 (Ausgabe vom 21.01.2016).

Meußdoerffer, F., Zarnkow, M.   Das Bier – Eine Geschichte von Hopfen und Malz. München 2014.

Narziß, L.   Abriss der Bierbrauerei. Weinheim 2004.

Potreck,
Marco	Optimierte Messung der Bierschaumstabilität in Abhängigkeit von
Milieubedingungen und fluiddynamischen Kennwerten.
Berlin 2004.

Schlie, S.	Die Biersorte Pils. Osnabrück 2016.

Siebert, K.	Recent Discoveries in Beer Foam.
In: American Society of Brewing Chemists, Inc.
published in: 2014
Cornell University, Geneva, NY.

Steingart, G.
(Hrsg.) et al.	Deutsche trinken 107 Liter Bier pro Kopf.
unter: http://www.handelsblatt.com/video/unternehmen/bierkonsum-2014-
deutsche-trinken-107-liter-bier-pro-kopf/11216664.html
abgerufen am 04.02.2016.

Verfasser
unbekannt	Lexikon: Definition Schaum.
unter: http://www.chemie.de/lexikon/Schaum.html
abgerufen am 14.02.2016.

Verfasser
unbekannt	Lexikon: Definition Nukleation.
unter: http://www.chemie.de/lexikon/Nukleation.html
abgerufen am 13.02.2016.

Verfasser
unbekannt	Lexikon: Oberflächenspannung.
unter: http://www.chemie.de/lexikon/Oberflächenspannung.html
abgerufen am: 09.03.2016.

Wilhelm, T.,
Ossau, W.	Bierschaumzerfall - Modelle und Realität im Vergleich.
unter: http://www.thomas-
wilhelm.net/veroeffentlichung/Bierschaumzerfall.pdf
abgerufen am 04.02.2016.

Versuchsprotokoll

→ Die Nullprobe – Krombacher Pils 19 °C

1. Einleitung

Dieser Versuch dient als sogenannte Nullprobe und ist der Ausgangspunkt für die Untersuchungen, ob die im Hauptteil benannten Faktoren einen Einfluss auf den Bierschaumzerfall eines Pilsener Bieres haben.

2. Materialien

Es wurde zur Versuchsdurchführung verwendet: 1000 ml Becherglas, Trichter, Krombacher Pils 0,33 l mit einem Alkoholgehalt von 4,8 %, Thermometer, Flaschenöffner, Messskala in der Einheit Zentimeter, Aufbau mit weißen Hintergrund, Lampe, Stativ, Kamera.

3. Versuchsaufbau

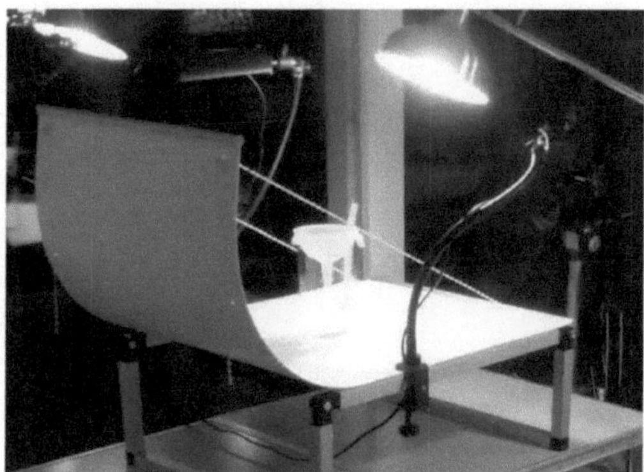

Abb. [1]: Der Versuchsaufbau

4. Versuchsdurchführung

Das Krombacher Pilsener nahm aufgrund der Raumtemperatur ebenfalls die Temperatur 19 Grad Celsius an. Das Becherglas wurde mit einer Messskala in der Einheit Zentimeter versehen. Nachdem die Flasche geöffnet wurde, ist die Temperatur des Mediums gemessen worden. Ebenfalls wurde das Kamerabild so eingestellt, dass nur der Ausschnitt mit dem Becherglas vor einem weißen Hintergrund zu sehen war. Die Videoaufnahme wurde gestartet. Nun ist das Bier gleichmäßig durch den Trichter in das Becherglas umgefüllt worden. Das Ablesen der Messwerte startete ab dem Zeitpunkt, wo die obere Schaumgrenze ihr Maximum erreicht hatte. Manuell wurden alle 30 Sekunden bzw. jede Minute Messwerte (Obere – sowie untere Schaumkante) abgelesen und notiert. Nachdem der Schaum zerfallen war, wurde die Videoaufnahme und die Messwertnotierung beendet. Die Temperatur des Mediums wurde an diesem Zeitpunkt nochmal bestimmt.

5. Beobachtungen

Am Anfang ähnelte der Bierschaum einem Polyederschaum, d.h. es gab kaum Einbrüche im Schaumvolumen (s. Abbildung [2]). Doch mit der Zeit nahmen diese zu und es entstand teilweise eine deutliche Hügelbildung. In Folge dieser ist der Schaum bereits teilweise zerfallen, währenddessen auch noch stets ein Schaumhügel bestand (s. Abbildung [3]). Außerdem ließ sich eine starke Vergrößerung der einzelnen Schaumbläschen beobachten, welches sich zuerst besonders am Rand des Becherglases beobachten ließ, aber dann auch zunehmend im ganzen Volumen des Schaumes.

Abb. [3]: Die Folge der Schaumhügelbildung

6. Versuchsauswertung

Zur Auswertung dieses Versuches wurde die Videoaufnahme sowie die manuellen Messwerte herangezogen. Die untere- sowie obere Schaumkante wurde abgelesen und daraufhin deren Differenz gebildet, welche dann der Different h(t) in cm entspricht. Für t ≤ 200 s entstammen die Messwerte aus der Videoaufnahme und die Werte für t > 200 s aus den manuellen Aufzeichnungen während des Versuches. Des Weiteren wurde mithilfe des Differenzenquotients die durchschnittliche Änderungsrate h'(t) der Bierschaumhöhe in den jeweiligen Zeitintervallen bestimmt. Zur mathematischen Modellierung des Bierschaumzerfalls wird ein exponentielles Zerfallsmodell verwendet. Eine Kurvenanpassung der Messwerte wurde anhand einer exponentiellen Regression durchgeführt.

Abb. [2]: Polyederschaum

7. Messwerte

t in s	Oberkante in cm	Unterkante in cm	Differenz h(t) in cm	h'(t) in cm/s
0	13,55	1,6	11,95	-0,1
5	13,4	1,95	11,45	
10	13,3	2,3	11	-0,1
15	13,1	2,6	10,5	
20	13	2,9	10,1	-0,07
25	12,9	3,15	9,75	
30	12,8	3,35	9,45	-0,05
35	12,7	3,5	9,2	
40	12,55	3,65	8,9	-0,04
45	12,5	3,8	8,7	

50	12,4	3,95	8,45	-0,02
55	12,4	4,05	8,35	
60	12,2	4,125	8,075	-0,035
65	12,1	4,2	7,9	
70	12,1	4,3	7,8	-0,035
75	12	4,375	7,625	
80	11,95	4,45	7,5	-0,02
85	11,9	4,5	7,4	
90	11,8	4,55	7,25	-0,03
95	11,7	4,6	7,1	
100	11,7	4,625	7,075	-0,03
105	11,6	4,675	6,925	
110	11,5	4,7	6,8	-0,03
115	11,4	4,75	6,65	
120	11,3	4,8	6,5	-0,02
125	11,2	4,8	6,4	
130	11,2	4,825	6,375	-0,03
135	11,1	4,875	6,225	
140	11	4,9	6,1	-0,0235
145	10,9	4,9175	5,9825	
150	10,8	4,95	5,85	-0,025
155	10,7	4,975	5,725	
160	10,5	5	5,5	0
165	10,5	5	5,5	
170	10,4	5,025	5,375	-0,025
175	10,3	5,05	5,25	
180	10,3	5,05	5,25	-0,025
185	10,2	5,075	5,125	
190	10,2	5,1	5,1	-0,02
195	10,1	5,1	5	
200	10	5,1	4,9	-0,005
210	9,9	5,05	4,85	
240	9,6	5,1	4,5	-0,01833333
270	9,1	5,15	3,95	
300	8,7	5,2	3,5	-0,01
330	8,4	5,2	3,2	
360	8	5,2	2,8	-0,00666667
390	7,8	5,2	2,6	
420	7,5	5,2	2,3	-0,00333333
450	7,4	5,2	2,2	

480	7,3	5,2	2,1	-0,005
510	7,15	5,2	1,95	
540	7	5,2	1,8	-0,00833333
570	6,8	5,25	1,55	
600	6,7	5,25	1,45	-0,00333333
630	6,6	5,25	1,35	
660	6,4	5,25	1,15	-0,005
690	6,3	5,3	1	
720	6,1	5,3	0,8	-0,00666667
750	5,9	5,3	0,6	
780	5,6	5,3	0,3	-0,01

Versuchsprotokoll

→ möglicher Einflussfaktor: Der Alkoholgehalt des Bieres

1. Einleitung

In diesem Versuch soll untersucht werden, ob auch der Alkoholgehalt eines Bieres einen Einfluss auf dessen Bierschaumzerfall hat.

2. Materialien

Es wurde zur Versuchsdurchführung verwendet: 1000 ml Becherglas, Trichter, Krombacher Pilsener Alkoholfrei 0,33 l in 19 °C, Thermometer, Flaschenöffner, Messskala in der Einheit Zentimeter, Aufbau mit weißen Hintergrund, Lampe, Stativ, Kamera und eine Schinkenscheibe.

3. Versuchsaufbau

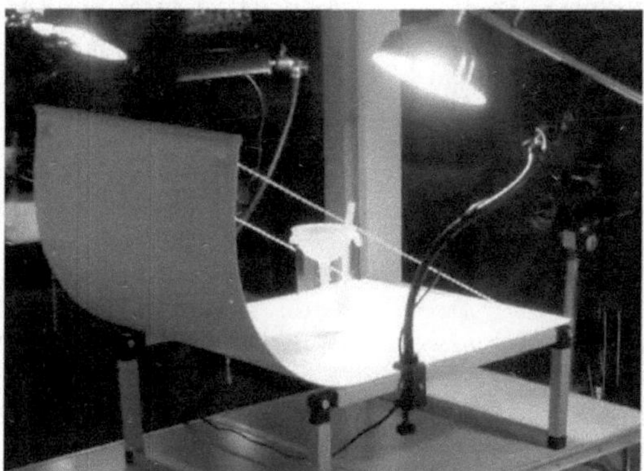

Abb. [1]: Der Versuchsaufbau

4. Versuchsdurchführung

Zunächst wurde die Temperatur des alkoholfreien Pilseners auf die Raumtemperatur von 19 °C gebracht. Das Becherglas wurde mit einer Messskala in der Einheit Zentimeter versehen und es wurde sorgfältig gesäubert. Nachdem die Flasche geöffnet wurde, ist die Temperatur des Mediums gemessen worden. Daraufhin wurde das Kamerabild so eingestellt, dass nur der Ausschnitt mit dem Becherglas vor einem weißen Hintergrund zu sehen war. Die Videoaufnahme wurde gestartet. Nun ist das Bier gleichmäßig durch den Trichter in das Becherglas umgefüllt worden. Der Einschenkwinkel betrug hierbei 90°. Manuell wurden alle 30 Sekunden bzw. jede Minute Messwerte abgelesen und notiert. Nachdem der Bierschaum zerfallen war, wurde erneut die Temperatur des Bieres bestimmt, die Videoaufnahme wurde gestoppt. Teilweise wurden zur Dokumentation Bilder der Schaumstruktur aufgenommen.

5. Beobachtungen

Dieser Versuch zeichnete sich dadurch aus, dass, nachdem das Bier komplett eingeschenkt wurde, auf der Schaumspitze große Schaumblasenstrukturen zu erkennen waren, die noch über die Schaumobergrenze hinausragten (s. Abbildung [2]). Des Weiteren war auch hier am Anfang der Messung ein äußerst voluminöser Polyederschaum zu beobachten (s. Abbildung [2]). Auch die Hügelbildung setzte bei diesem Versuch wieder an. In Folge dieser ist der Bierschaum teilweise bereits komplett zerfallen, obwohl noch ein einzelner Hügel stets zu verzeichnen gewesen ist. Auch hier ist die exakte Bestimmung des Zeitpunktes, an dem der Bierschaum überwiegend zerfallen ist, nicht möglich gewesen (s. Abbildung [3]).

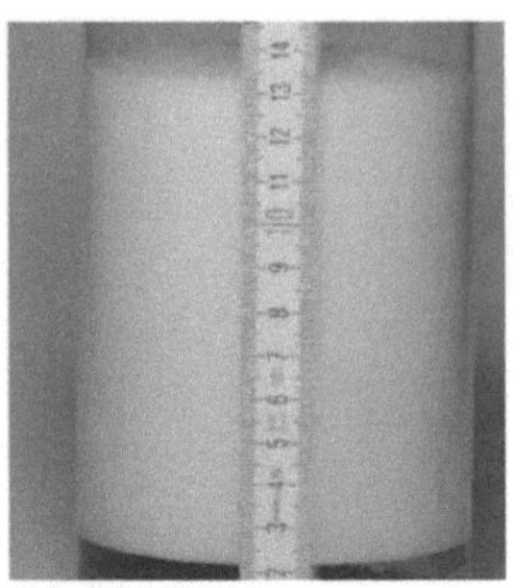

Abb. [2]: Feinste Schaumblasenstrukturen unterhalb der Schaumobergrenze – grobe Schaumblasenstrukturen oberhalb der Obergrenze.

Abb. [3]: Folge der Hügelbildung

6. Versuchsauswertung

Zur Auswertung dieses Versuches wurde die Videoaufnahme sowie die manuellen Messwerte herangezogen. Die untere- sowie obere Schaumkante wurde abgelesen und daraufhin deren Differenz gebildet, welche dann der Different h(t) in cm entspricht. Für t ≤ 200 s entstammen die Messwerte aus der Videoaufnahme und die Werte für t > 200 s aus den manuellen Aufzeichnungen während des Versuches. Des Weiteren wurde mithilfe des Differenzenquotients die durchschnittliche Änderungsrate h'(t) der Bierschaumhöhe in den jeweiligen Zeitintervallen bestimmt. Zur mathematischen Modellierung des Bierschaumzerfalls wird ein exponentielles Zerfallsmodell verwendet. Eine Kurvenanpassung der Messwerte wurde anhand einer exponentiellen Regression durchgeführt.

7. Messwerte

t in s	Oberkante in cm	Unterkante in cm	Differenz h(t) in cm	h'(t) in cm/s
0	13,5	1,7	11,8	-0,11
5	13,4	2,15	11,25	
10	13	2,6	10,4	-0,12
15	12,8	3	9,8	
20	12,7	3,25	9,45	-0,09
25	12,5	3,5	9	
30	12,4	3,7	8,7	-0,05
35	12,3	3,85	8,45	
40	12,2	4,025	8,175	-0,045
45	12,1	4,15	7,95	
50	12	4,25	7,75	-0,02
55	12	4,35	7,65	

60	12	4,425	7,575	-0,015
65	12	4,5	7,5	
70	11,9	4,6	7,3	-0,01
75	11,9	4,65	7,25	
80	11,8	4,7	7,1	-0,03
85	11,7	4,75	6,95	
90	11,7	4,8	6,9	-0,03
95	11,6	4,85	6,75	
100	11,5	4,875	6,625	-0,005
105	11,5	4,9	6,6	
110	11,4	4,95	6,45	-0,005
115	11,4	4,975	6,425	
120	11,3	5	6,3	-0,02
125	11,2	5	6,2	
130	11,15	5,025	6,125	-0,02
135	11,1	5,075	6,025	
140	11,1	5,1	6	-0,02
145	11	5,1	5,9	
150	10,9	5,125	5,775	-0,005
155	10,9	5,15	5,75	
160	10,8	5,15	5,65	-0,005
165	10,8	5,175	5,625	
170	10,7	5,175	5,525	-0,005
175	10,7	5,2	5,5	
180	10,7	5,2	5,5	-0,01
185	10,7	5,25	5,45	
190	10,7	5,25	5,45	-0,02
195	10,6	5,25	5,35	
200	10,6	5,25	5,35	-0,015
210	10,5	5,3	5,2	
240	10	5,35	4,65	-0,00833333
270	9,8	5,4	4,4	
300	9,7	5,4	4,3	-0,00666667
330	9,5	5,4	4,1	
360	9	5,4	3,6	-0,01666667
390	8,6	5,5	3,1	
420	8,4	5,5	2,9	-0,00333333
450	8,3	5,5	2,8	
480	8,2	5,5	2,7	-0,00333333
540	8	5,5	2,5	

600	7,8	5,6	2,2	-0,00666667
660	7,4	5,6	1,8	
720	7	5,6	1,4	-0,005
780	6,7	5,6	1,1	
840	6,4	5,6	0,8	-0,00166667
900	6,3	5,6	0,7	
960	6,2	5,6	0,6	-0,00333333
1020	6	5,6	0,4	
1080	5,7	5,6	0,1	-0,005

Versuchsprotokoll

→ möglicher Einflussfaktor: Die Temperatur – Krombacher Pils 4 °C

1. Einleitung

Die Temperatur gilt bei vielen naturwissenschaftlichen Phänomenen als bekannter Einflussfaktor. Daher soll der Einfluss dieses abiotischen Faktors auf den Bierschaumzerfall eines Bieres im Weiteren untersucht werden.

2. Materialien

Es wurde zur Versuchsdurchführung verwendet: 1000 ml Becherglas, Trichter, Krombacher Pils 0,33 l mit einem Alkoholgehalt von 4,8 %, Thermometer, Flaschenöffner, Messskala in der Einheit Zentimeter, Aufbau mit weißen Hintergrund, Lampe, Stativ, Kamera.

3. Versuchsaufbau

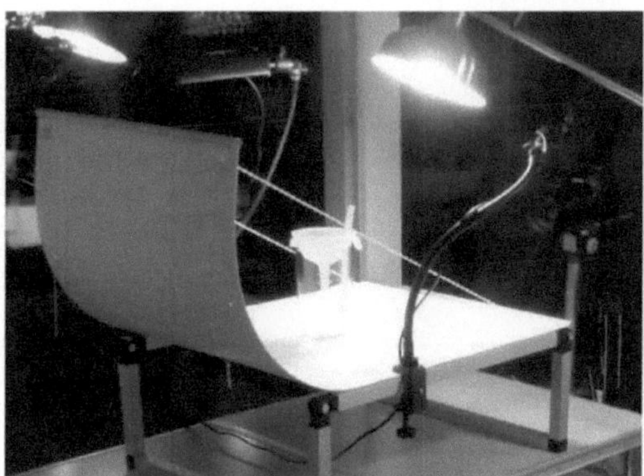

Abb. [1]: Der Versuchsaufbau

4. Versuchsdurchführung

Zunächst wurde das Pils auf eine Temperatur von 4 Grad Celsius gekühlt. Das Becherglas wurde mit einer Messskala in der Einheit Zentimeter versehen und äußerst sorgfältig geputzt, damit keinerlei Rückstände die Ergebnisse verfälschen können. Nachdem die Flasche geöffnet wurde, ist die Temperatur des Mediums gemessen worden. Daraufhin wurde das Kamerabild so eingestellt, dass nur der Ausschnitt mit dem Becherglas vor einem weißen Hintergrund zu sehen war. Die Videoaufnahme wurde gestartet. Nun ist das Bier gleichmäßig durch den Trichter in das Becherglas umgefüllt worden. Der Einschenkwinkel betrug hierbei 90°. Manuell wurden alle 30 Sekunden bzw. jede Minute Messwerte abgelesen und notiert. Nachdem der Bierschaum zerfallen gewesen ist, wurde erneut die Temperatur des Bieres bestimmt, die Videoaufnahme wurde gestoppt. Teilweise wurden zur Dokumentation Bilder der Schaumstruktur aufgenommen.

5. Beobachtungen

Am Anfang ähnelte der Bierschaum einem Polyederschaum, d.h. es gab kaum Einbrüche im Schaumvolumen. Doch mit der Zeit nahmen diese zu und es entstand eine starke Hügelbildung im Schaumvolumen. Der Zeitpunkt, an dem der Bierschaum komplett zerfallen war, konnte nicht exakt bestimmt werden, da durch die erwähnte Hügelbildung der Schaum teilweise schon komplett zerfallen ist, während an manchen Stellen noch Bierschaum vorhanden war

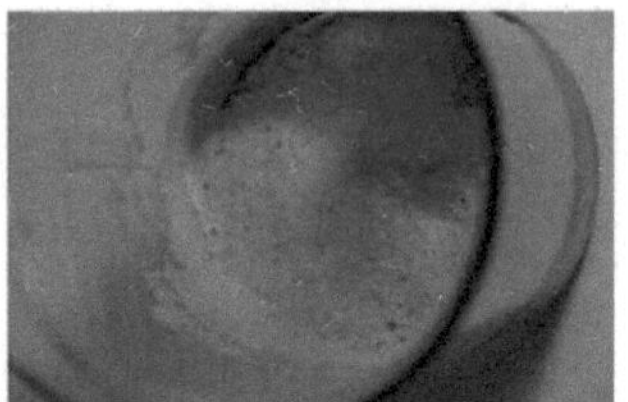

Abb. [1]: Bierschaum komplett zerfallen?

(s. Abbildung 1). Außerdem ist während des Versuches ein erheblicher Temperaturanstieg des Mediums von am Anfang 4°C auf zuletzt 8 °C zu verzeichnen gewesen.

6. Versuchsauswertung

Zur Auswertung dieses Versuches wurde die Videoaufnahme sowie die manuellen Messwerte herangezogen. Die untere- sowie die -obere Schaumkante wurde abgelesen und daraufhin deren Differenz gebildet, welche dann der Different $h(t)$ in cm entspricht. Für $t \leq 200s$ entstammen die Messwerte aus der Videoaufnahme und die Werte für $t > 200$ s aus den manuellen Aufzeichnungen während des Versuches. Des Weiteren wurde mithilfe des Differenzenquotients die durchschnittliche Änderungsrate $h'(t)$ der Bierschaumhöhe in den jeweiligen Zeitintervallen bestimmt. Zur mathematischen Modellierung des Bierschaumzerfalls wird ein exponentielles Zerfallsmodell verwendet. Eine Kurvenanpassung der Messwerte wurde anhand einer exponentiellen Regression durchgeführt.

7. Messwerte

t in s	Oberkante in cm	Unterkante in cm	Differenz h(t) in cm	h'(t) in cm/s
0	11,1	2,1	9	-0,11
5	11	2,55	8,45	
10	10,9	2,95	7,95	-0,07
15	10,8	3,2	7,6	
20	10,7	3,425	7,275	-0,055
25	10,6	3,6	7	
30	10,5	3,775	6,725	-0,045
35	10,4	3,9	6,5	
40	10,3	4	6,3	-0,03
45	10,25	4,1	6,15	
50	10,2	4,175	6,025	-0,035
55	10,1	4,25	5,85	
60	10,1	4,3	5,8	-0,03
65	10	4,35	5,65	
70	9,9	4,4	5,5	-0,015
75	9,9	4,475	5,425	

80	9,85	4,5	5,35	-0,02
85	9,8	4,55	5,25	
90	9,8	4,6	5,2	0
95	9,8	4,6	5,2	
100	9,8	4,625	5,175	-0,015
105	9,8	4,7	5,1	
110	9,75	4,7	5,05	-0,01
115	9,725	4,725	5	
120	9,7	4,75	4,95	-0,02
125	9,65	4,8	4,85	
130	9,6	4,825	4,775	-0,01
135	9,55	4,825	4,725	
140	9,5	4,825	4,675	-0,01
145	9,475	4,85	4,625	
150	9,4	4,9	4,5	-0,02
155	9,3	4,9	4,4	
160	9,25	4,9	4,35	-0,02
165	9,2	4,95	4,25	
170	9,1	4,95	4,15	0
175	9,1	4,95	4,15	
180	9,05	4,975	4,075	-0,015
185	9	5	4	
190	8,975	5	3,975	-0,005
195	8,95	5	3,95	
200	8,9	5	3,9	-0,02
210	8,7	5	3,7	
240	8,4	5,1	3,3	-0,01333333
270	8	5,1	2,9	
300	7,7	5,15	2,55	-0,00666667
330	7,5	5,15	2,35	
360	7,2	5,2	2	-0,01166667
390	6,9	5,25	1,65	
420	6,6	5,25	1,35	-0,01166667
450	6,3	5,3	1	
480	6,3	5,3	1	-0,00666667
510	6,1	5,3	0,8	
540	6,1	5,3	0,8	-0,00666667
570	6	5,4	0,6	
600	5,9	5,4	0,5	-0,00166667
660	5,8	5,4	0,4	

| 720 | 5,6 | 5,4 | 0,2 | -0,00166667 |
| 780 | 5,5 | 5,4 | 0,1 | |

Versuchsprotokoll

→ möglicher Einflussfaktor: Die Temperatur – Krombacher Pils 17 °C

1. Einleitung

Die Temperatur gilt bei vielen naturwissenschaftlichen Phänomenen als bekannter Einflussfaktor. Daher soll der Einfluss dieses abiotischen Faktors auf den Bierschaumzerfall eines Bieres im Weiteren untersucht werden.

2. Materialien

Es wurde zur Versuchsdurchführung verwendet: 1000 ml Becherglas, Trichter, Krombacher Pils 0,33 l mit einem Alkoholgehalt von 4,8 %, Thermometer, Flaschenöffner, Messskala in der Einheit Zentimeter, Aufbau mit weißen Hintergrund, Lampe, Stativ, Kamera.

3. Versuchsaufbau

4. Versuchsdurchführung

Zunächst wurde das Pils auf eine Temperatur von 17 °C gekühlt. Das Becherglas wurde mit einer Messskala in der Einheit Zentimeter versehen und äußerst sorgfältig geputzt, damit keinerlei Rückstände die Ergebnisse verfälschen können. Nachdem die Flasche geöffnet wurde, ist die Temperatur des Mediums gemessen worden. Daraufhin wurde das Kamerabild so eingestellt, dass nur der Ausschnitt mit dem Becherglas vor einem weißen Hintergrund zu sehen war. Die Videoaufnahme wurde gestartet. Nun ist das Bier gleichmäßig durch den Trichter in das Becherglas umgefüllt worden. Manuell wurden alle 30 Sekunden bzw. jede Minute Messwerte abgelesen und notiert. Nachdem der Bierschaum zerfallen war, wurde erneut die Temperatur des Bieres bestimmt, die Videoaufnahme ist gestoppt worden. Teilweise wurden zur Dokumentation Bilder von der Schaumstruktur aufgenommen.

5. Beobachtungen

Am Anfang ähnelte der Bierschaum einem Polyederschaum, d.h. es gab kaum Einbrüche im Schaumvolumen. Doch mit der Zeit nahmen diese zu und es entstand ebenfalls eine Hügelbildung im Schaumvolumen, welches in Abbildung [1] dargestellt ist. Auch bei diesem Versuch war es unklar, welchen Zeitpunkt man für als Endpunkt definiert, also an welchem Zeitpunkt der Bierschaum komplett zerfallen war (s. Abbildung 2).

Abb. [1]: Hügelbildung des Bierschaumes

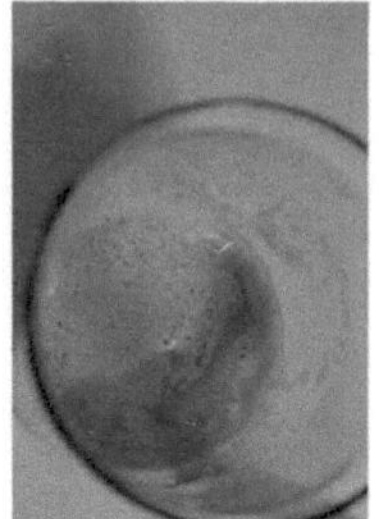

Abb. [2]: Ist der Bierschaum bereits komplett zerfallen?

6. Versuchsauswertung

Zur Auswertung dieses Versuches wurde die Videoaufnahme sowie die manuellen Messwerte herangezogen. Die untere- sowie die obere Schaumkante wurde abgelesen und daraufhin deren Differenz gebildet, welche dann der Different h(t) in cm entspricht. Für t ≤ 200s entstammen die Messwerte aus der Videoaufnahme und die Werte für t > 200 s aus den manuellen Aufzeichnungen während des Versuches. Des Weiteren wurde mithilfe des Differenzenquotients die durchschnittliche Änderungsrate h'(t) der Bierschaumhöhe in den jeweiligen Zeitintervallen bestimmt.

7. Messwerte

t in s	Oberkante in cm	Unterkante in cm	Differenz h(t) in cm	h'(t) in cm/s
0	13,6	2,1	11,5	-0,13
5	13,4	2,55	10,85	
10	13,1	2,95	10,15	0,07
15	13	2,5	10,5	
20	12,9	3	9,9	-0,105
25	12,8	3,425	9,375	
30	12,6	3,6	9	-0,055
35	12,5	3,775	8,725	
40	12,4	3,9	8,5	-0,06
45	12,2	4	8,2	
50	12,1	4,1	8	-0,035
55	12	4,175	7,825	
60	11,9	4,25	7,65	-0,01
65	11,9	4,3	7,6	
70	11,85	4,35	7,5	-0,02
75	11,8	4,4	7,4	
80	11,8	4,475	7,325	-0,025
85	11,7	4,5	7,2	

90	11,6	4,55	7,05	-0,01
95	11,6	4,6	7	
100	11,5	4,6	6,9	-0,025
105	11,4	4,625	6,775	
110	11,3	4,7	6,6	-0,02
115	11,2	4,7	6,5	
120	11,2	4,725	6,475	-0,005
125	11,2	4,75	6,45	
130	11,1	4,8	6,3	-0,025
135	11	4,825	6,175	
140	10,9	4,825	6,075	0
145	10,9	4,825	6,075	
150	10,8	4,85	5,95	-0,03
155	10,7	4,9	5,8	
160	10,5	4,9	5,6	0
165	10,5	4,9	5,6	
170	10,4	4,95	5,45	-0,015
175	10,3	4,925	5,375	
180	10,25	4,95	5,3	-0,015
185	10,2	4,975	5,225	
190	10,2	5	5,2	-0,01
195	10,15	5	5,15	
200	10,1	5	5,1	-0,015
210	9,9	4,95	4,95	
240	9,6	5	4,6	-0,01333333
270	9,3	5,1	4,2	
300	9	5,15	3,85	-0,015
330	8,6	5,2	3,4	
360	8,4	5,2	3,2	-0,01333333
390	8	5,2	2,8	
420	7,5	5,2	2,3	-0,01666667
450	7	5,2	1,8	
480	6,9	5,2	1,7	-0,00666667
540	6,5	5,2	1,3	
600	5,9	5,3	0,6	-0,00333333
660	5,7	5,3	0,4	
720	5,6	5,3	0,3	-0,00166667
780	5,5	5,3	0,2	
840	5,4	5,3	0,1	-0,001666667

Versuchsprotokoll

→ möglicher Einflussfaktor: Die Temperatur – Krombacher Pils 24 °C

1. Einleitung

Die Temperatur gilt bei vielen naturwissenschaftlichen Phänomenen als bekannter Einflussfaktor. Daher soll der Einfluss dieses abiotischen Faktors auf den Bierschaumzerfall eines Bieres im Weiteren untersucht werden.

2. Materialien

Es wurde zur Versuchsdurchführung verwendet: 1000 ml Becherglas, Trichter, Krombacher Pils 0,33 l mit einem Alkoholgehalt von 4,8 %, Thermometer, Flaschenöffner, Messskala in der Einheit Zentimeter, Aufbau mit weißen Hintergrund, Lampe, Stativ, Kamera.

3. Versuchsaufbau

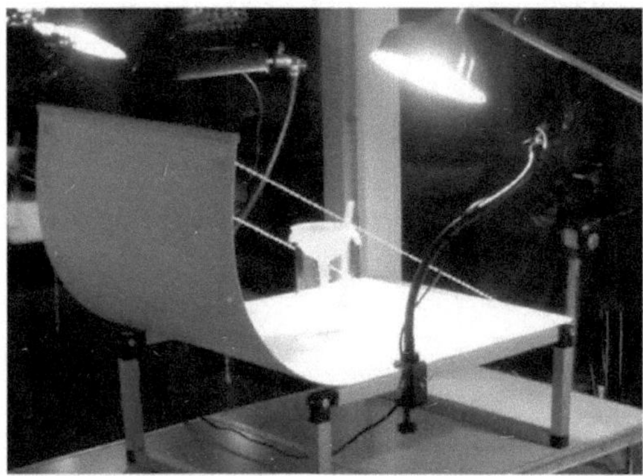

Abb. [1]: Der Versuchsaufbau

4. Versuchsdurchführung

Zunächst wurde das Pils auf eine Temperatur von 24 °C erwärmt. Das Becherglas wurde mit einer Messskala in der Einheit Zentimeter versehen und äußerst sorgfältig geputzt, damit keinerlei Rückstände die Ergebnisse verfälschen können. Nachdem die Flasche geöffnet wurde, ist die Temperatur des Mediums gemessen worden. Daraufhin wurde das Kamerabild so eingestellt, dass nur der Ausschnitt mit dem Becherglas vor einem weißen Hintergrund zu sehen war. Die Videoaufnahme wurde gestartet. Nun ist das Bier gleichmäßig durch den Trichter in das Becherglas umgefüllt worden. Der Einschenkwinkel betrug hierbei 90°. Manuell wurden alle 30 Sekunden bzw. jede Minute Messwerte abgelesen und notiert. Nachdem der Bierschaum zerfallen gewesen ist, wurde erneut die Temperatur des Bieres bestimmt, die Videoaufnahme wurde gestoppt. Teilweise wurden zur Dokumentation Bilder der Schaumstruktur aufgenommen.

5. Beobachtungen

Zunächst konnte man beobachten, dass die Oberkante des Bierschaumes geringfügig höher war, als bei den Versuchen zuvor, bei denen die Temperatur des Mediums geringer gewesen ist.

Am Anfang ähnelte der Bierschaum einem Polyederschaum, d.h. es gab

Abb. [2]: Polyederschaum

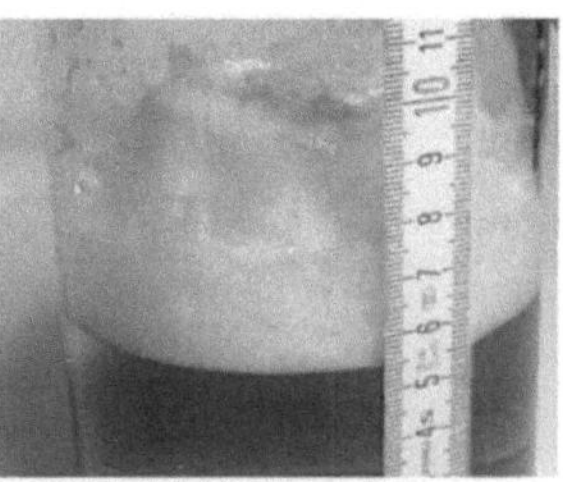

Abb. [3]: Hügelbildung

kaum Einbrüche im Schaumvolumen (s. Abbildung 2). Doch mit der Zeit nahmen diese zu und es entstand eine starke Hügelbildung im Schaumvolumen (s. Abbildung 3). Der Zeitpunkt, an dem der Bierschaum komplett zerfallen war, konnte nicht exakt bestimmt werden, da durch die erwähnte Hügelbildung der Schaum teilweise schon komplett zerfallen war, während an manchen Stellen noch Bierschaum vorhanden war (s. Abbildung 4). Das Medium passte sich im Verlaufe des Versuches um 2 °C auf 22 °C an.

Abb. [4]: Ist der Bierschaum bereits komplett zerfallen?

6. Versuchsauswertung

Zur Auswertung dieses Versuches wurde die Videoaufnahme sowie die manuellen Messwerte herangezogen. Die untere- sowie die obere Schaumkante wurde abgelesen und daraufhin deren Differenz gebildet, welche dann der Different h(t) in cm entspricht. Für t ≤ 200s entstammen die Messwerte aus der Videoaufnahme und die Werte für t > 200 s aus den manuellen Aufzeichnungen während des Versuches. Des Weiteren wurde mithilfe des Differenzenquotients die durchschnittliche Änderungsrate h'(t) der Bierschaumhöhe in den jeweiligen Zeitintervallen bestimmt. Zur mathematischen Modellierung des Bierschaumzerfalls wird ein exponentielles Zerfallsmodell verwendet. Eine Kurvenanpassung der Messwerte wurde anhand einer exponentiellen Regression durchgeführt.

7. Messwerte

t in s	Oberkante in cm	Unterkante in cm	Differenz h(t) in cm	h'(t) in cm/s
0	13,95	2,15	11,8	-0,1
5	13,8	2,5	11,3	
10	13,7	2,8	10,9	-0,1
15	13,5	3,1	10,4	
20	13,4	3,35	10,05	-0,05
25	13,3	3,5	9,8	
30	13,1	3,7	9,4	-0,05
35	13	3,85	9,15	
40	12,9	4	8,9	-0,04
45	12,8	4,1	8,7	

50	12,7	4,2	8,5	-0,03
55	12,65	4,3	8,35	
60	12,6	4,4	8,2	-0,035
65	12,5	4,475	8,025	
70	12,45	4,55	7,9	-0,02
75	12,4	4,6	7,8	
80	12,3	4,675	7,625	-0,035
85	12,2	4,75	7,45	
90	12,1	4,8	7,3	-0,025
95	12	4,825	7,175	
100	12	4,9	7,1	-0,02
105	11,9	4,9	7	
110	11,8	4,95	6,85	-0,01
115	11,75	4,95	6,8	
120	11,7	5	6,7	-0,045
125	11,5	5,025	6,475	
130	11,3	5,1	6,2	-0,025
135	11,2	5,125	6,075	
140	11,15	5,15	6	-0,015
145	11,1	5,175	5,925	
150	11	5,2	5,8	0
155	11	5,2	5,8	
160	10,9	5,2	5,7	-0,01
165	10,85	5,2	5,65	
170	10,8	5,2	5,6	-0,025
175	10,7	5,225	5,475	
180	10,6	5,25	5,35	0
185	10,6	5,25	5,35	
190	10,55	5,25	5,3	-0,015
195	10,5	5,275	5,225	
200	10,5	5,275	5,225	-0,01
210	10,4	5,275	5,125	
240	10	5,3	4,7	-0,015
270	9,6	5,35	4,25	
300	9,2	5,4	3,8	-0,01
330	8,9	5,4	3,5	
360	8,5	5,4	3,1	-0,01666667
390	8	5,4	2,6	
420	7,8	5,4	2,4	-0,01333333
450	7,4	5,4	2	

480	7	5,45	1,55	-0,01
510	6,7	5,45	1,25	
540	6,6	5,5	1,1	-0,00333333
570	6,5	5,5	1	
600	6,3	5,55	0,75	-0,00333333
630	6,2	5,55	0,65	
660	6,1	5,55	0,55	-0,00166667
720	6	5,55	0,45	
780	5,9	5,55	0,35	-0,00333333
840	5,7	5,55	0,15	

Versuchsprotokoll

→ möglicher Einflussfaktor: Die Temperatur – Krombacher Pils 42 °C

1. Einleitung

Die Temperatur gilt bei vielen naturwissenschaftlichen Phänomenen als bekannter Einflussfaktor. Daher soll der Einfluss dieses abiotischen Faktors auf den Bierschaumzerfall eines Bieres im Weiteren untersucht werden.

2. Materialien

Es wurde zur Versuchsdurchführung verwendet: 1000 ml Becherglas, Trichter, Krombacher Pils 0,33 l mit einem Alkoholgehalt von 4,8 %, Thermometer, Flaschenöffner, Messskala in der Einheit Zentimeter, Aufbau mit weißen Hintergrund, Lampe, Stativ, Kamera.

3. Versuchsaufbau

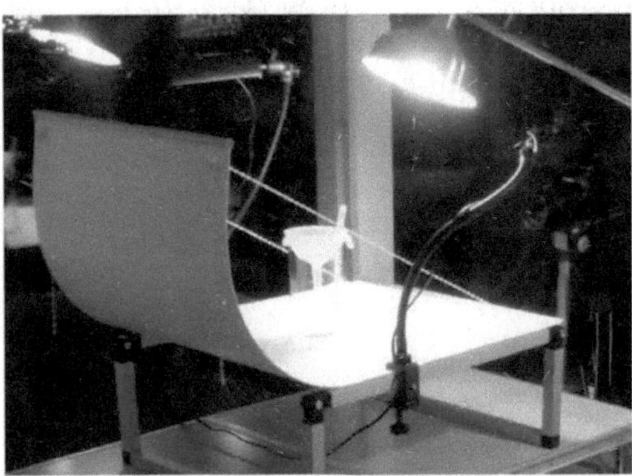

Abb. [1]: Der Versuchsaufbau

4. Versuchsdurchführung

Zunächst wurde das Pils auf eine Temperatur von 42 °C erwärmt. Das Becherglas wurde mit einer Messskala in der Einheit Zentimeter versehen und äußerst sorgfältig geputzt, damit keinerlei Rückstände die Ergebnisse verfälschen können. Nachdem die Flasche geöffnet wurde, ist die Temperatur des Mediums gemessen worden. Daraufhin wurde das Kamerabild so eingestellt, dass nur der Ausschnitt mit dem Becherglas vor einem weißen Hintergrund zu sehen war. Die Videoaufnahme wurde gestartet. Nun ist das Bier gleichmäßig durch den Trichter in das Becherglas umgefüllt worden. Der Einschenkwinkel betrug hierbei 90°. Manuell wurden alle 30 Sekunden bzw. jede Minute Messwerte abgelesen und notiert. Nachdem der Bierschaum zerfallen gewesen ist, wurde erneut die Temperatur des Bieres bestimmt, die Videoaufnahme wurde gestoppt. Teilweise wurden zur Dokumentation Bilder der Schaumstruktur aufgenommen.

5. Beobachtungen

Dieser Versuch zeichnete sich dadurch aus, dass die Schaumbildung im Vergleich zu den anderen Versuchen am Größten gewesen ist. Wie in Abbildung [2] zu sehen ist, besaß der Polyederschaum aber auch schon am Anfang der Messung einige Löcher. Des Weiteren war auch hier wieder eine deutliche Hügelbildung zu beobachten. Jedoch zerfiel der Bierschaum gerade zentriert in der Mitte des Gefäßes schnell und an den Rändern des Gefäßes blieb dieser erhalten (s. Abbildung 3). Folglich war ein großer Krater zu beobachten. Auch eine größere Blasenstruktur war zunehmend zu betrachten. Der Zeitpunkt, an dem der Bierschaum komplett zerfallen war, konnte auch hier nicht exakt bestimmt werden, da durch die erwähnte Hügelbildung der Schaum teilweise schon komplett zerfallen war, während an manchen Stellen noch Bierschaum vorhanden gewesen ist. Das Medium kühlte sich im Verlaufe des Versuches um ganze 6 °C ab.

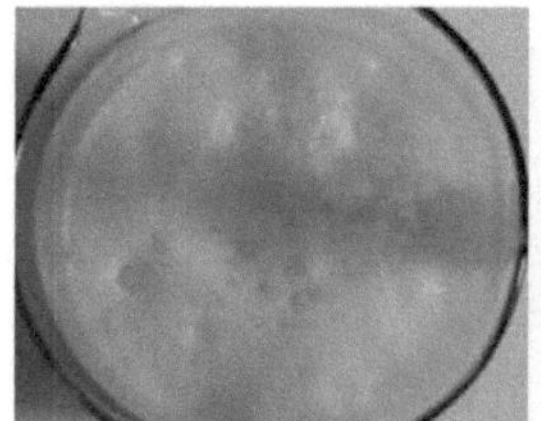

Abb. [2]: Polyederschaum bereits mit Löchern

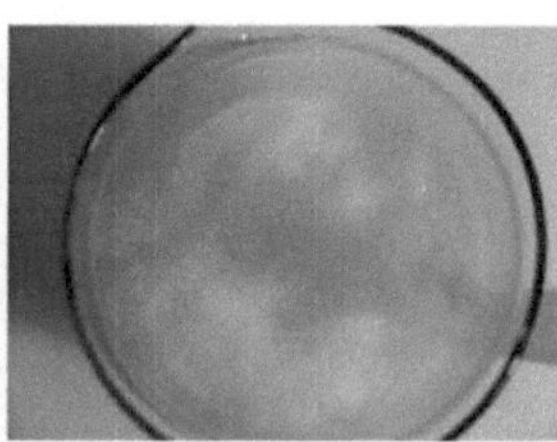

Abb. [3]: Hügelbildung mit zentriertem Krater

Abb. [4]: Ist der Bierschaum bereits überwiegend zerfallen?

6. Versuchsauswertung

Zur Auswertung dieses Versuches wurde die Videoaufnahme sowie die manuellen Messwerte herangezogen. Die untere- sowie obere Schaumkante wurde abgelesen und daraufhin deren Differenz gebildet, welche dann der Different h(t) in cm entspricht. Für t ≤ 200 s entstammen die Messwerte aus der Videoaufnahme und die Werte für t > 200 s aus den manuellen Aufzeichnungen während des Versuches. Des Weiteren wurde mithilfe des Differenzenquotients die durchschnittliche Änderungsrate h'(t) der Bierschaumhöhe in den jeweiligen Zeitintervallen bestimmt. Zur mathematischen Modellierung des Bierschaumzerfalls wird ein exponentielles Zerfallsmodell verwendet. Eine Kurvenanpassung der Messwerte wurde anhand einer exponentiellen Regression durchgeführt.

7. Messwerte

t in s	Oberkante in cm	Unterkante in cm	Differenz h(t) in cm	h'(t) in cm/s
0	15,7	2,25	13,45	-0,16
5	15,4	2,75	12,65	
10	15,3	3,1	12,2	-0,115
15	15	3,375	11,625	
20	14,9	3,6	11,3	-0,08
25	14,7	3,8	10,9	
30	14,5	3,95	10,55	-0,05
35	14,4	4,1	10,3	

40	14,2	4,2	10	-0,04
45	14,1	4,3	9,8	
50	14	4,4	9,6	-0,03
55	13,9	4,45	9,45	
60	13,8	4,5	9,3	-0,015
65	13,8	4,575	9,225	
70	13,6	4,625	8,975	-0,035
75	13,5	4,7	8,8	
80	13,4	4,725	8,675	-0,035
85	13,3	4,8	8,5	
90	13,1	4,8	8,3	-0,03
95	13	4,85	8,15	
100	12,9	4,875	8,025	-0,045
105	12,7	4,9	7,8	
110	12,5	4,95	7,55	-0,02
115	12,4	4,95	7,45	
120	12,2	5	7,2	-0,02
125	12,1	5	7,1	
130	12	5	7	-0,03
135	11,9	5,05	6,85	
140	11,9	5,05	6,85	-0,025
145	11,8	5,075	6,725	
150	11,8	5,1	6,7	-0,02
155	11,7	5,1	6,6	
160	11,7	5,125	6,575	-0,025
165	11,6	5,15	6,45	
170	11,55	5,15	6,4	-0,01
175	11,5	5,15	6,35	
180	11,5	5,175	6,325	-0,02
185	11,4	5,175	6,225	
190	11,4	5,175	6,225	-0,025
195	11,3	5,2	6,1	
200	11,2	5,2	6	-0,02
210	11	5,2	5,8	
240	10,6	5,2	5,4	-0,01833333
270	10,1	5,25	4,85	
300	9,8	5,3	4,5	-0,01
330	9,5	5,3	4,2	
360	9,2	5,3	3,9	-0,00666667
390	9	5,3	3,7	

420	8,7	5,3	3,4	-0,00666667
450	8,5	5,3	3,2	
480	8,3	5,3	3	-0,00666667
510	8,1	5,3	2,8	
540	7,9	5,3	2,6	-0,00666667
570	7,7	5,3	2,4	

Versuchsprotokoll

→ möglicher Einflussfaktor: Die Sauberkeit des Bierglases

1. Einleitung

Wie bereits in der Einleitung des Hauptteils erwähnt, ist seit langem bekannt, dass die Sauberkeit des Bierglases, aus dem das Bier getrunken wird, einen Einfluss auf die Bierschaumhaltbarkeit hat. Kann man dieses Phänomen experimentell beweisen?

2. Materialien

Es wurde zur Versuchsdurchführung verwendet: 1000 ml Becherglas, Trichter, Krombacher Pils 0,33 l in 19 °C mit einem Alkoholgehalt von 4,8 %, Thermometer, Flaschenöffner, Messskala in der Einheit Zentimeter, Aufbau mit weißen Hintergrund, Lampe, Stativ, Kamera und eine Schinkenscheibe.

3. Versuchsaufbau

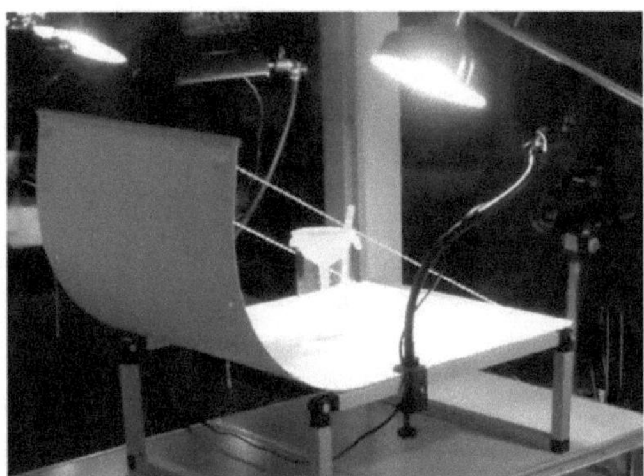

Abb. [1]: Der Versuchsaufbau

4. Versuchsdurchführung

Zunächst wurde die Temperatur des Pilseners auf die Raumtemperatur von 19 °C gebracht. Das Becherglas wurde mit einer Messskala in der Einheit Zentimeter versehen und die Innenseiten wurde sorgfältig mit einer Schinkenscheibe eingerieben. Nachdem die Flasche geöffnet wurde, ist die Temperatur des Mediums gemessen worden. Daraufhin wurde das Kamerabild so eingestellt, dass nur der Ausschnitt mit dem Becherglas vor einem weißen Hintergrund zu sehen war. Die Videoaufnahme wurde gestartet. Nun ist das Bier gleichmäßig durch den Trichter in das Becherglas umgefüllt worden. Der Einschenkwinkel betrug hierbei 90°. Manuell wurden alle 30 Sekunden bzw. jede Minute Messwerte abgelesen und notiert. Nachdem der Bierschaum zerfallen gewesen war, wurde erneut die Temperatur des Bieres bestimmt, die Videoaufnahme wurde gestoppt. Teilweise wurden zur Dokumentation Bilder der Schaumstruktur aufgenommen.

5. Beobachtungen

Aus der gesamten Versuchsreihe war dieser von den Beobachtungen am spektakulärsten. Nachdem das Bier eingeschenkt wurde, fielen einem sofort die deutlich größeren Schaumblasenstrukturen auf (s. Abbildung [2]). Es machte den Eindruck, dass der Bierschaum wie eine Art brodelnder Vulkan zusammensackt. Man könnte ihn auch als deutlich aktiver im Sinne von Zerfallsmechanismen beschreiben, da diese bei diesem Versuch deutlich zu verzeichnen sind. Rückstände an der Gefäßinnenseite sowie Hügelbildungen, die stets das Charakteristika der anderen Versuche gewesen ist, sind kaum bis gar nicht zu beobachten gewesen. Des Weiteren sah die Oberfläche des Bieres nach dem Zerfall des Schaumes so aus, als wenn eine dünne, flächige Schicht auf ihr läge (s. Abbildung [3]).

Abb. [2]: Schaumbläschenstruktur deutlich größer als bei dem Schaum ohne fettigem Glas

Abb. [3]: Flächige, dünne Schicht auf der Bieroberfläche

6. Versuchsauswertung

Zur Auswertung dieses Versuches wurde die Videoaufnahme sowie die manuellen Messwerte herangezogen. Die untere- sowie obere Schaumkante wurde abgelesen und daraufhin deren Differenz gebildet, welche dann der Different h(t) in cm entspricht. Für t ≤ 200 s entstammen die Messwerte aus der Videoaufnahme und die Werte für t > 200 s aus den manuellen Aufzeichnungen während des Versuches. Des Weiteren wurde mithilfe des Differenzenquotients die durchschnittliche Änderungsrate h'(t) der Bierschaumhöhe in den jeweiligen Zeitintervallen bestimmt. Zur mathematischen Modellierung des Bierschaumzerfalls wird ein exponentielles Zerfallsmodell verwendet. Eine Kurvenanpassung der Messwerte wurde anhand einer exponentiellen Regression durchgeführt.

7. Messwerte

t in s	Oberkante in cm	Unterkante in cm	Differenz h(t) in cm	h'(t) in cm/s
0	12,5	1,2	11,3	-0,32
5	11,6	1,9	9,7	
10	10,6	2,675	7,925	-0,23
15	10,2	3,425	6,775	
20	9,7	3,975	5,725	-0,185
25	9,1	4,3	4,8	
30	8,6	4,55	4,05	-0,025
35	8,5	4,575	3,925	
40	8,1	4,75	3,35	-0,08
45	7,8	4,85	2,95	
50	7,6	4,925	2,675	-0,035
55	7,5	5	2,5	
60	7	5,05	1,95	-0,03
65	6,9	5,1	1,8	

70	6,75	5,1	1,65	-0,05
75	6,5	5,1	1,4	
80	6,4	5,125	1,275	-0,025
85	6,3	5,15	1,15	
90	6,2	5,175	1,025	-0,02
95	6,1	5,175	0,925	
100	6	5,2	0,8	0
105	6	5,2	0,8	
110	5,9	5,2	0,7	-0,02
115	5,8	5,2	0,6	
120	5,8	5,2	0,6	-0,02
125	5,7	5,2	0,5	
130	5,7	5,2	0,5	0
135	5,7	5,2	0,5	
140	5,6	5,2	0,4	0
145	5,6	5,2	0,4	
150	5,5	5,2	0,3	0
155	5,5	5,2	0,3	
160	5,4	5,225	0,175	0
165	5,4	5,225	0,175	
170	5,3	5,225	0,075	-0,01
175	5,25	5,225	0,025	

$$f(t) = a * e^{\ln(b)t}$$
$$f(t) = a * b^t$$

$$2a = a * e^{\ln(b)t} \qquad | * :a \neq 0$$

$$2 = a * e^{\ln(b)t}$$

Folglich ist der Bestand bei einem exponentiellen Wachstumsmodell unabhängig vom Anfangswert a.